呼叫中心专业职业教育系列丛书

Call Center

电信呼叫中心教程

上册

北京应大信息产业研究院　编著

U0132243

外语教学与研究出版社

北京

图书在版编目(CIP)数据

电信呼叫中心教程. 上册/ 北京应大信息产业研究院编著. — 北京：外语教学与研究出版社，2011.8

（呼叫中心专业职业教育系列丛书）

ISBN 978-7-5135-1200-8

Ⅰ. ①电⋯　Ⅱ. ①北⋯　Ⅲ. ①呼叫中心—职业教育—教材　Ⅳ. ①F626.3

中国版本图书馆 CIP 数据核字（2011）第 170263 号

出 版 人：蔡剑峰
选题策划：沈立军
责任编辑：牛贵华
封面设计：姜　凯
出版发行：外语教学与研究出版社
社　　址：北京市西三环北路 19 号（100089）
网　　址：http://www. fltrp. com
印　　刷：北京京师印务有限公司
开　　本：787×1092　1/16
印　　张：15
版　　次：2011 年 8 月第 1 版　2011 年 8 月第 1 次印刷
书　　号：ISBN 978-7-5135-1200-8
定　　价：27.00 元

*　　*　　*

职业教育出版分社：
地　　址：北京市西三环北路 19 号 外研社大厦 职业教育出版分社（100089）
咨询电话：010-88819475
传　　真：010-88819475
网　　址：http://vep. fltrp. com
电子信箱：vep@ fltrp. com
购书电话：010-88819928/9929/9930（邮购部）
购书传真：010-88819428（邮购部）

*　　*　　*

购书咨询：(010)88819929　　电子邮箱：club@fltrp. com
如有印刷、装订质量问题，请与出版社联系
联系电话：(010)61207896　　电子邮箱：zhijian@fltrp. com
制售盗版必究 举报查实奖励
版权保护办公室举报电话：(010)88817519
物料号：212000001

呼叫中心专业职业教育系列丛书
编写委员会

主　任：赵景泉

副主任：吕志敏　张　丽　杨　克　吴海涛

委　员：于　泓　魏百刚　Udi Baren (德)
　　　　徐卫华　张秋彦　Duncan Cowie (美)
　　　　范国庆

前言

改革开放30余年来，我国国民经济得到了巨大的发展。在当前全球金融危机余波未了的背景下，国家的大政方针是实现产业升级、建设兼顾城乡发展的和谐社会，所以从第二产业向第三产业的升级，是未来30年我们国家社会和经济发展的重要方面。呼叫中心行业作为第三产业中的一个基础产业，在未来拥有十分巨大的发展潜力。

呼叫中心起源于20世纪二三十年代的美国，在20世纪90年代被引入中国，并经历了一波三折的发展阶段。在2004年以后，随着技术的普及和人们对于呼叫中心的认同及电信资费的不断下调，呼叫中心行业在中国得以迅猛发展。但是呼叫中心行业在快速发展的同时也一直伴随着一个严峻的问题——专业人才的匮乏，这是目前困扰呼叫中心行业的一大难题。

鉴于此，北京应用技术大学和北京翔宇万景通讯科技有限公司通过校企合作的模式率先成立了国内第一家呼叫中心学院，开辟了一条呼叫中心人才培养的探索之路。本套教材是北京应用技术大学呼叫中心学院的同仁在过去几年教学和实训过程中所采用的讲义等教学材料的汇编和总结。在日常教学过程中，我们力求在CBET（Competence-Based Education & Training，以能力为基础的教育和培训）和TBTM（Task-Based Teaching Method，任务驱动的教学方法）的职业教育理念下开展工作，利用CCSS（Call Center Simulation System，呼叫中心实训系统）针对岗位要求的不同能力点展开教学和实训，并且收到了良好的效果。我们力求始终依据这一理念编写本套教材。但本套教材体系庞大、内容繁杂，所以部分图书还未能完全基于CBET和TBTM来设计，我们期望会在不久的将来进一步完善。

呼叫中心是一个新兴的专业，也是一个跨行业的学科。这个专业要求学生掌握的不仅有计算机基础、普通话、商业应用文写作等基础知识，更涉及到呼叫中心管理（CCM）、客户关系管理（CRM）、商业流程管理（BPM）、市场营销（Marketing）、数据挖掘和分析（Data Mining and Analysis）、电子商务（E-business）等专业领域的知识，以及金融、电信、物流、电子、汽车、地产等16个行业的专业知识。由于本套教材的部分内容借鉴了国外的相关文献，所以有些概念在提法上有所不同，但意思是一致的，比如在本套教材中呼叫中心服务人员、客服代表、电话客户服务人员以及呼叫中心坐席员等对应的工作岗位是一样的，但在工作内容上、岗位出现的时代上和人们对此的理解上略有不同，希望读者在阅读过程中仔细体会。

本套教材在编写过程中，进行了大量调查研究工作，在完成国家社会科学基金"十一五"规划课题（BJA070035）子课题"跨区域校企合作职业教育办学模式的研究"的基础上，借鉴了英国著名企业Transcom所提供的培训资料，在此，我们对课题组全体成员和Transcom公司高层管理人员的大力支持表示感谢。

本套教材适用于职业院校的呼叫中心和电子商务等相关专业的学生。教师可利用本套教材配合实训系统进行日常教学。由于我们的水平有限，教材中不足之处在所难免，望各位读者能在使用过程中不吝指正，以便我们再版时改正。

编　者
2010年8月

编写说明

电信行业是呼叫中心一个比较大的应用领域，电信呼叫中心也是呼叫中心专业学生毕业后的主要就业去向之一，因此对电信行业有一些基本的了解对呼叫中心专业的学生而言是非常必要的。

《电信呼叫中心教程》分为上、下两册。上册简要介绍了我国电信行业的发展历程及现状、现代电信业务种类、电信网与电信技术，并对电信呼叫中心所涉及的主要业务内容进行了详细介绍，包括本地通话业务、长途电话业务等。下册对无线通信业务、智能网业务、电信数据通信业务、多媒体通信业务进行了介绍，并阐释了多媒体呼叫中心的价值和功能，以及呼叫中心在电信业中的重要作用。

通过对电信呼叫中心相关知识的学习，可以对电信业及其业务有一个大致的了解，对呼叫中心在电信业的重要性有一个清晰的认识，从而为以后步入电信行业从事呼叫中心工作打下良好的基础。

此外，书中不仅有关于一线员工的业务内容，也包含了一些呼叫中心管理方面的知识。通过学习这些知识，可以对电信呼叫中心的管理内容和管理方法有一个大致的了解。

编 者

2011年7月

目　录

第1章
电信行业概述

○ 1.1 什么是电信

1. 电信的定义

电信通信简称"电信"，世界各国对于这一概念的定义基本上可以分为两种，以适用于不同的管理需求。

第一种定义侧重于电信的技术属性，典型代表是国际电信联盟（ITU，简称国际电联）所作的定义："利用电缆、无线、光纤或者其他电磁系统，传送、发射和接收标识、文字、图像、声音或其他信号。"这一定义强调了电信的功能和实现手段，而与提供电信服务的企业以及使用电信服务的用户没有关系。

第二种定义以美国为代表，侧重于电信的社会属性，强调电信是"点对点"信息的传输，属于保护公民通信自由的宪法范畴，以此将电信与其他信息传输方式（如广播电视）相区分。美国在1996年颁布的《电信法》中对"电信"和"广播电视"分别进行了明确定义，其中电信是作为一个范围很窄的概念出现的："电信是指两点相互或分别传输，传输点由用户指定，内容由用户选择，信息的形式和内容从发出到接收不得改变的通信方式。"这一定义将电信企业与其他企业的活动区分开来，以便于监管部门分别进行管理。

在电信行业管理与企业管理中，对于电信的定义不仅用于区分电信与其他技术活动，还起到界定电信企业生产经营范围的作用。因此，在描述电信通信的定义之外，往往还需要进一步明确电信服务所涵盖的范围。例如世界贸易组织（WTO）以列举的方式来描述电信的涵义："点到点的声讯电话、数据传输、电传、传真、私人线路租赁（传输能力的销售或租赁）、固定和移动卫星通讯系统及其服务、蜂窝电话、移动数据服务、传呼和个人通信系统服务。"这一描述使 WTO 电信附则相关条款的适用范围更加明确。

我国的《电信条例》采用了国际电联的定义，规定：电信是指利用有线、无线的电磁系统或者光电系统，传送、发射或者接收语音、文字、资料、图像以及其他任何形式信息的活动。但其所涉及的电信网络、电信业务以及电信企业都限于"公共电信"的范围内，即电信所传输的信息由用户提供（包括团体用户和个人用户），传送信息内容和目的地由用户进行选择和指定。

2. 电信的特点

电信通信是一种服务，其作用是传递信息，使信息发生空间上的转移，产生效用但并不产生有形的产品，因此电信通信首先具备服务的一般特点，即产品无形、不可存储、生产过程与消费过程不可分割。此外，电信通信作为社会生产中的一种重要活动，也具备其自身的一些特殊性，主要表现在：

（1）电信通信的作用是传递信息，在现代社会中占据重要的基础设施地位。对于个人、团体、国家而言，顺畅的信息传递都是基本的需求。这就决定了人们要求随时能够使用电信业务，也就是电信通信服务通常要求全天候可用。

（2）电信通信采用电磁系统进行非实物形态的信息传递，信息的处理和传递速度很快，而且电信服务的标准化程度很高，与邮政通信相比具有高度的时效性。

（3）电信通信依赖于网络，互联互通的电信网是提供电信服务的物质技术基础。一项简单的通信业务，往往需要几个不同的企业（网络）共同参与才能实现。同时，仅仅具备了电信网还是不够的，还必须有配套的标准、管理方法等，使得网络之间的设备兼容、服务兼容，才能够有效地为用户提供完整的电信服务。

（4）随着电信新技术和计算机技术的迅猛发展，电信通信更具备了许多现代特征，电信与计算机技术不断融合，电信服务与信息服务紧密结合，使人们能够更有效、更方便地传递信息、获取信息。

3．电信的作用

人类的生存和发展有赖于信息的传递和交流，电信通信正是满足人类沟通、交流的特殊工具，在人类社会经济发展过程中发挥着重要的作用。20世纪以来，信息与能源、材料等一起构成了社会生产力的基本要素，上升为一种重要的战略资源，世界各国将信息产业作为资源产业进行开发和利用，使得信息产业得到迅速的发展。

在现代信息社会，通信对生产力发展的作用尤为突出。人们借助电信技术，实现了飞船登月、卫星着陆、全球性信息沟通与交流。同时，借助电子计算机的智能通信网，通过数据库实现各种数据的传送、交换、存储和处理以及便利的检索、显示，并能够部分替代人类的记忆和思维。因此，现代通信已发展到与人类智能息息相关的程度，成为社会生产力的重要因素。电信在现代社会的作用主要体现在以下几方面：

（1）社会沟通、交流的重要渠道。现代社会是一个飞速发展的社会，人们的工作和生活节奏空前紧张，现代通信手段使人们可以在任何时间、任何地点实现自由的交流，使人们更加具有全球意识，眼界更加开阔。一方面，通信使人与人之间的交流更加自由，人们可以共享信息，共同探讨、分析问题，并提高参与社会和国家管理的机会；另一方面，通信成为国际经济合作的重要工具。在经济全球化的进程中，跨国企业运用先进的通信手段管理遍布全球的业务，国际组织和各国政府通过现代化通信进行沟通和交往。国际经济合作不仅使资源在全球范围内实现了合理配置，同时促进了各国的经济繁荣。通信手段缩短了时空的距离，将国家与国家、民族与民族更紧密地联系在一起。

（2）社会信息化的基本保障。电信业作为信息产业的重要组成部分，在国民经济和社会信息化建设中发挥着举足轻重的作用。一方面，通信为社会信息化提供了强大的网络基础设施。通信业经过多年的高速发展，已建立起覆盖广泛的大容量、多业务、数字化、现代化的通信网络。正是因为通信业提供了如此强大的网络基础设施，信息化建设涵盖的各种应用领域——电子政务、电子商务、企业信息化、城市信息化、远程教育、远程医疗等的建设才成为可能。覆盖面广、通信质量高、服务到位的电信基础网络，保证了信息的传输、交换和共享，成为社会信息化实现的基本物质保障。另一方面，通信业务的迅猛发展，为用户直接提供了更加方便和多元化的服务，同时也使用户在不同业务的选择使用、对服务提供商的选择方面有了更大的空间，刺激了更多的信息化需求。此外，通信业为其他行业的相关企业提供的基础电信服务和增值电信服务推进了企业信息化的发展，从而带动了国民经济和社会信息化的可持续发展。

（3）社会管理的重要工具。现代社会是一个注重管理的社会，而管理同时也是信息交流、沟通和反馈的过程，这些都离不开信息传递的工具——电信。从这个意义上讲，电信是进行社会管理的重要工具。

1.2 国内外主流电信企业介绍

1. 2008 年之前国内电信企业市场格局

2008 年以前，国内六大电信运营商指的是中国移动、中国联通、中国电信、中国网通、中国铁通和中国卫通，不管是从通信或者是地面网络角度看，这六家都是规模最大、实力最雄厚的。当然它们各自的侧重点不同，中国移动主要运营 GSM 网络；中国联通是唯一的全业务运营商，同时运营 GSM、CDMA 和固网；中国电信和中国网通运营固定网络，以及无线本地接入 PHS 小灵通。电信和网通是由原电信拆分的，南北分家，常被称为南电信、北网通。中国铁通主要运营全国铁路网沿线的通信；中国卫通主要经营通信、广播及其他领域的卫星空间段业务。

在互联网数据中心（IDC）领域，中国电信无疑是业务规模最大、网络资源最多的，华东沿海、华南沿海以及西南地区都是中国电信的主要业务覆盖范围；中国网通名列第二，其机房网络与中国电信"隔长江而治"，主要分布于华北以及周边地区；中国铁通则位列第三，主要资源集中在华北、东北；中国移动、中国联通也有少部分机房资源，不过一般是合作方式，机房规模也不大，占用电信少量的带宽。

2．六大电信运营商详细介绍

（1）中国电信

中国电信集团公司是按国家电信体制改革方案组建的特大型国有通信企业，于2002年5月重组挂牌成立。原中国电信划分南、北两个部分后，中国电信下辖21个省级电信公司，拥有全国长途传输电信网70%的资产，允许在北方10省区域内建设本地电话网和经营本地固定电话等业务。重组后的中国电信集团公司由中央管理，是经国务院授权投资的机构和国家控股的试点。资产和财务关系在财政部实行单列。

中国电信集团公司注册资本1580亿元人民币，目前主要经营国内、国际各类固定电信网络设施，包括本地无线环路；基于电信网络的语音、数据、图像及多媒体通信与信息服务；进行国际电信业务对外结算，开拓海外通信市场；经营与通信及信息业务相关的系统集成、技术开发、技术服务、信息咨询、广告、出版、设备生产销售和进出口、设计施工等业务；并根据市场发展需要，经营国家批准或允许的其他业务。

（2）中国移动通信

中国移动通信集团公司是根据国家关于电信体制改革的部署和要求，在原中国电信移动通信资产总体剥离的基础上组建的国有重要骨干企业，于2000年4月20日成立，由中央直接管理。

中国移动通信集团公司在国内10个省（自治区）设有全资子公司，全资拥有中国移动（香港）集团有限公司，由其控股的中国移动（香港）有限公司在国内21个省（自治区、直辖市）设立全资子公司，并在香港和纽约上市。

中国移动通信主要经营移动话音、数据、IP电话和多媒体业务，并具有计算机互联网国际联网单位经营权和国际出入口局业务经营权。除提供基本话音业务外，还提供传真、数据、IP电话等多种增值业务，拥有"全球通"、"神州行"、"动感地带"等著名服务品牌。

中国移动通信是国内唯一专注移动通信发展的通信运营公司，在我国移动通信大力发展的进程中始终发挥着主导作用，并在国际移动通信领域占有重要地位。经过多年的建设与发展，中国移动通信已建成一个覆盖范围广、通信质量高、业务品种丰富、服务水平一流的综合通信网络，网络规模和客户规模列全球第一。截止2009年底，中国移动通信的网络已经覆盖全国绝大多数县（市），主要交通干线实现连续覆盖，城市内重点地区基本实现室内覆盖，GSM移动电话交换容量达到1.82亿户，客户总数超过1.38亿户，与116个国家和地区的近200家移动通信运营商开通了国际漫游业务。目前，中国移动（香港）有限公司是我国在境外上市公司中市值最大的公司之一。

（3）中国网通

中国网络通信集团公司成立于1999年，是由中央管理的特大型国有通信运营企业集团，是经国务院同意进行国家授权投资的机构和国家控股公司的试点单位，由北京、天津、河北、山西、内蒙古、辽宁、吉林、黑龙江、河南、山东等10个省、自治区、直辖市通信公司，江苏、浙江、广东、广西、海南、西南、四川、西北通信股份有限公司，中国网络通信（控股）有限公司，吉通通信有限责任公司及其他控股、参股公司组成。

中国网通集团主要经营国内、国际各类固定电信网络与设施，包含本地无线环路；基于电信网络的语音、数据、图像及多媒体通信与信息服务，相关的系统集成、技术开发等业务；国内外投融资业务；经营国家批准的其他业务。

（4）中国联通

中国联合通信有限公司成立于1994年7月19日，它的成立在我国基础电信业务领域引入竞争，对我国电信业的改革和发展起到了积极的促进作用。

中国联通在全国30个省、自治区、直辖市设立了300多个分公司和子公司，是国内唯一一家同时在纽约、香港、上海三地上市的电信运营企业。2000年6月，公司在香港、纽约成功上市，筹资56.5亿美元，进入全球首次股票公开发行史上的前十名。2002年10月，公司又在上海成功完成A股上市，成为国内资本市场流通股最大的上市公司。

成立以来，中国联通的整体实力不断增强。经营的电信业务由成立之初的移动电话（GSM）和无线寻呼发展到目前的移动电话（包括 GSM 和 CDMA）、长途电话、本地电话、数据通信（包括因特网业务和 IP 电话）、电信增值业务、无线寻呼以及与主营业务有关的其他业务。

（5）中国铁通

铁道通信信息有限责任公司是经国务院批准，2000 年 12 月 20 日经国家工商管理局注册的国有大型电信运营企业。2004 年 1 月 20 日，铁通公司由铁道部移交国资委管理，其原有股权全部划转国资委，同时更名为"中国铁通集团有限公司"，作为国有独资基础电信运营企业独立运作。

公司注册资本 103 亿元，在全国设有 31 个省级分公司，316 个地市级分公司，5 个控股子公司及 1 个独立事业部。

公司拥有覆盖全国、技术先进、功能齐备、规模较大的网络资源，实行全程全网统一指挥、统一调度、统一协调管理，具有快速反应、灵活组网的优势，尤其适合开展跨地区业务。截至 2009 年底，公司通信线路长达 15 万公里，其中光缆线路达 10 万公里，交换机总容量达 1800 多万线，已与国内其他电信运营企业实现了互联互通。

公司开展有固定网本地电话、国内国际长途电话、IP 电话、数据传送、互联网、视讯业务等除公众移动业务以外的各项基础和增值电信业务。

（6）中国卫通

按照国务院电信体制改革的总体部署，2001 年 12 月 19 日中国卫星通信集团公司正式挂牌成立。中国卫通的成立是我国电信行业深化改革的重大战略部署，是卫星通信领域内的重大举措，也是进一步开拓卫星通信事业的新起点。中国卫通下设 31 个省级分公司，主要企业包括中国通信广播卫星公司、中国东方卫星通信有限责任公司、中国四维测绘技术总公司、中国卫星通信（香港）有限公司、中宇卫星移动通信有限责任公司、中国邮电翻译服务公司。

中国卫通主要经营通信、广播及其他领域的卫星空间段业务；卫星移动通信业务；互联网业务；VSAT通信业务；基于卫星传输技术的话音、数据、多媒体通信业务；地面网络通信业务；3.5G固定无线接入业务；800 M数字集群通信业务；以GPS为主的综合信息业务；与上述卫星通信业务相关的技术服务和进出口等业务；以及国家批准或允许的其他业务。

3．国外主流电信运营商

国外主流电信运营商如表 1-1 中所列。

表1-1　国外主流电信运营商一览表

所属国家	运营商	简　　介
韩国	SK电讯	以信息通信产业为核心业务之一的世界一流企业
	KTF	韩国移动业务排名第二
	LG Telecom	韩国移动业务排名第三
	KT	韩国电信，固定电话第一大运营商
日本	KDDI	日本最大的3G运营商
	NTT DoCoMo	日本排名第一的移动通信公司
	Vodafone	日本排名第二的移动通信公司
美国	Cingular Wireless	美国第一大手机运营商
	Sprint	美国第三大电信运营商
	Verizon Wireless	美国最大电话通信公司
	AT&T	美国第一大电信运营商，世界顶尖数字通信公司之一

所属国家	运营商	简 介
英国	3UK	美国3G合营企业
	Virgin Mobile	维珍移动，美国增长最快的移动公司
	Vodafone	英国最大的移动通信运营商，在全球29个国家拥有子公司
	Orange	法国电信子公司，该公司为英国和法国的第一大移动运营商
	MMO2	英国第三大移动电话公司
	T-Mobile	德国电信的子公司，世界最大的移动的电话公司之一
德国	Deutsche Telekom	德国电信，德国第六大电信运营商
	O2	德国手机运营商
	E-Plus公司	德国第三大手机运营商
法国	法国电信	法国第一大电信运营商
	Orange	法国电信运营商
	SFR	法国第二大移动运营商
新加坡	Singtel	新加坡第一大电信运营商
	MoboleOne	新加坡第二大移动运营商
	StarHub	新加坡第三大手机运营商
意大利	Vodafone	跨国性的移动电话运营商
	TIM	全球最大的供应商之一
巴基斯坦	PTCL	巴基斯坦电信有限公司
	NTC	国家电信公司
西班牙	Telefonica	西班牙主导移动运营商，全球Top10
芬兰	Sonera	全球第一家提供定位服务的移动通讯供应商

1.3 中国电信业改革——电信业重组

1. 中国电信业重组

中国电信业重组的目的在于使电信市场竞争更充分、更合理，更有利于我国电信业的长远发展。迄今为止，我国的电信业共经历了四次重组。

（1）第一次重组。1994 年中国联通成立，刺激了邮电系统移动电话业务发展，但是联通业务一直没有太大发展，1998 年不到中国电信业务的 1%。

（2）第二次重组。以 1998 年邮电分营为起点，将原中国电信分拆成中国电信、中国移动通信和中国网通三家，将原中国电信的寻呼业务并入联通公司，联通公司因此得以高速发展。

（3）第三次重组。2001 年 10 月，中国电信南北拆分方案出台，拆分重组后形成新的 5+1 格局，即中国电信、中国网通、中国移动通信、中国联通、中国铁通加中国卫通。

（4）第四次重组。自第三次电信重组以来，电信行业发展逐渐失衡，呈现出中国移动通信一家独大的场面，为了改善这种不合理的竞争局面，2008 年进行了第四次电信业重组，由中国电信收购中国联通 CDMA 网，中国联通 G 网与中国网通合并，中国卫通的基础电信业务并入中国电信，中国铁通并入中国移动通信。这次重组使得中国联通和中国电信实力都得到加强，实力接近中国移动。中国电信得到了 4000 万用户，获益最大。中国联通摆脱了双网运营包袱，得到一大笔现金。中国移动获得了中国铁通，但是为了不影响自己高端品牌形象，还是把它当成子公司，有所区别，但是企业通信市场得到了加强。可以说，这次的电信重组达到了多赢的目的。

2．第四次电信业重组内容

2008 年 5 月 23 日，运营商重组方案正式公布。中国联通的 CDMA 网与 GSM 网被拆分，前者并入中国电信，组建为新电信，后者吸纳中国网通成立新联通，铁通则并入中国移动通信成为其全资子公司，中国卫通的基础电信业务并入中国电信。

2008年6月2日，中国电信以1100亿元收购联通CDMA网络。中国联通与中国电信订立相关转让协议，分别以438亿元和662亿元的价格向中国电信出售旗下的CDMA网络及业务。同日，中国联通上市公司宣布将以换股方式与中国网通合并，交易价值240亿美元。

2008年7月27日，中国电信与中国联通签订最终协议。两家运营商就CDMA网络的出售签署最终协议，总价1100亿元维持不变，而后者旗下的两家公司澳门联通与联通华盛也将并入中国电信。

2008年9月16日，中国联通股东特别大会批准与中国电信就有关CDMA业务出售而订立的CDMA业务出售协议以及合并中国网通集团的议案。中国电信也在股东大会上通过了所有有关并购联通CDMA业务的决议案。

2008年10月1日，中国电信全面接收CDMA网络。

2008年10月15日，新联通正式成立，网通退出历史舞台。新公司定名为"中国联合网络通信有限公司"，中国联通香港上市公司名称由"中国联合通信股份有限公司"更改为"中国联合网络通信（香港）股份有限公司"。

2009年11月12日，铁道部与中国移动通信正式签署了资产划拨协议，将铁通公司的铁路通信的相关业务、资产和人员剥离，成建制划转给铁道部进行管理。铁通公司仍将作为中国移动通信的独立子公司从事固定通信业务服务。

第四次电信业务重组内容如图 1-1 所示。

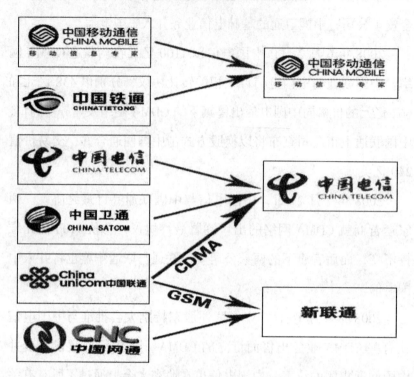

图 1-1　第四次电信业重组示意图

第2章
呼叫中心综述

2.1 呼叫中心概述

2.1.1 呼叫中心的定义

呼叫中心，又称客户服务中心，是指综合利用先进的通信及计算机技术，对信息和物资流程进行优化处理和管理，集中实现沟通、服务和生产指挥的系统。传统意义上的呼叫中心是指以电话接入为主的呼叫响应中心，为客户提供各种电话响应服务，随着客户服务需求和技术的发展，呼叫中心的概念也在不断地延伸和发展。现在，呼叫中心指企业为客户服务、市场营销、技术支持和其他的特定商业活动而建立的接收和发出呼叫的系统，它是一种基于计算机电话集成（CTI）技术的，充分利用通信网和计算机网的多项功能集成并与企业连为一体的完整的综合信息服务系统。现阶段呼叫中心的概念已经扩展为可以通过电话、传真、互联网、E-mail、视频等多种渠道进行综合访问，同时提供主动外拨服务，应用业务种类非常丰富的客户综合服务及营销中心。

用户可以通过电话接入、传真接入和访问互联网站等多种方式进入呼叫中心系统，在系统自动语音导航或人工座席帮助下访问系统的数据库，获取各种咨询服务信息或完成相应的事务处理。呼叫中心是一个工作组，它由若干成员组成，这些成员既包括普通的人工座席，也包括一些自动语音设备、语音信箱等。这些成员通过网络实现相互间的通信，并共享网络上的资源。

　　呼叫中心涉及了交换机技术、计算机技术、计算机电话集成技术、数据仓库技术和管理科学等诸多方面，是一种能充分利用现代通信手段和计算机技术的全新现代化服务方式。现在，各行各业越来越多地意识到呼叫中心的重要性，并且在使用各种类型的呼叫中心为用户提供服务。随着全球网络技术，特别是互联网技术的迅猛发展，呼叫中心系统逐渐由普通电话走向网络技术，其通信手段是传统电话、IP 电话、互联网和 E-mail 的集合。

　　随着技术的进步，降低了各行业的市场准入门槛，从而导致了市场竞争的日趋激烈。这时，客户服务将成为关键的差别，企业的最终成功取决于服务。与投资巨大的高质量服务人员相比，呼叫中心不仅为企业节省了资金，又能提供多样化的宣传和规范的服务。在国外，呼叫中心的应用已有相当长的时间；在国内，随着通信市场的日益发达，呼叫中心的应用也开始引起很多行业、企业用户的关注。有数据表明，全球每年由呼叫中心促成的销售额已高达 6500 亿美元。专家预测，呼叫中心将会迅速发展成为全球商业竞争的焦点。

　　从服务角度来讲，客户服务中心最大的作用在于能有效、高速地为用户提供多种服务，实现企业的成本最小化和利润最大化。从管理角度来讲，客户服务呼叫中心代表了一种先进的企业经营管理理念，它主张以"客户为中心"，为客户提供全面服务。同时，客户服务呼叫中心还实现客户信息的集中管理，提供业务统计和呼叫统计分析等功能，帮助企业实现客户智能和决策分析；通过建立客户服务呼叫中心系统，能够促使企业将这种理念得以顺利贯彻。综合起来，呼叫中心是基于一定技术（如电话、CTI等），通过语言等为客户提供呼应服务的中心，是一种以客户为中心的企业运营方式或商业模式。

电信呼叫中心的发展从某种意义上说是我国电信事业发展的伴生物，所以中国电信呼叫中心是以电话和网络为基础的多种方式为中国电信的各类用户提供各种服务和完成各种营销工作等运营模式。随着我国信息产业的高速发展，呼叫中心（客户服务中心）的发展可谓如火如荼，新建的呼叫中心似雨后春笋。据有关专家估计，中国每年将会有5000多个各类企业的呼叫中心建立起来，成为呼叫中心发展最快的国家。

2.1.2 电信行业呼叫中心的发展历程

分析中国电信行业呼叫中心的发展过程，必须以中国电信发展过程为基础。从20世纪90年代开始，中国电信走完了独家垄断经营的时期，进入了相互竞争的时代，但是在中国电信行业的服务工作中仍保留了很多刻板和独断的行为，带有浓厚的传统国有企业管理痕迹。随着市场竞争越来越激烈，中国电信的管理领域逐步实现了从产品到客户的转变，从国有企业到股份制管理的转变。真正意义上的呼叫中心也就是从这个时候开始，电信中心的服务真正开始去思考如何为客户服务，如何提高客户满意度和客户感知度。

1998 年，全国通信行业的呼叫中心座席数为 35 000 个，到 2001 年座席总数已达到 96 200 个，近几年通信行业呼叫中心的坐席数更是成倍地增长。电信行业的呼叫中心已经成为一个重要的管理和运营对象，它在通信行业的运营中起着越来越重要的作用。

电信行呼叫中心的发展可以确切地划分为四个阶段：

（1）第一代呼叫中心系统。在第一个阶段，呼叫中心是指以电话接入为主的呼叫响应中心，它为客户提供呼叫响应服务。比如中国电信的 113 人工长途接入服务、114 人工查号台、117 电话报时服务、112 障碍台、180 服务投诉台等。这是典型等待式的服务模式，是被动提供的服务，是企业为主、顾客为次的服务，完全谈不到客户的感知，当然这与当时的市场供求关系有关。

（2）第二代呼叫中心系统。这一时期的呼叫中心主要起咨询服务的作用，把用户的呼叫转接到应答台或专家。随着要转接的呼叫和应答的增多，呼叫中心开始采用交互式语音应答（IVR）系统，这种系统能由自动话务台对大部分常见问题进行应答处理。

（3）第三代呼叫中心系统。随着业务量的不断扩大，原有的呼叫中心越来越难以满足企业的要求。企业迫切需要一种能与技术发展保持同步的呼叫中心，他们希望将传统的呼叫中心进一步发展成为可以提供一流的服务以吸引客户并增强现有客户忠诚度，最终为企业带来丰厚利润的"客户联络中心"。于是第三代呼叫中心系统应运而生，它是随着上世纪 90 年代电信技术和计算机技术的迅猛发展，以计算机电话集成（Computer Telephone Integration，CTI）技术为核心的，将计算机网络和通信网络紧密结合起来的呼叫中心解决方案。这时，计算机与电话结合起来，使得呼叫中心业务代表可以轻松地得到呼叫的数据和服务的数据，客户呼叫中心也可以方便地找到合适的人选，并由 CTI 系统管理、协调这一切。第三代呼叫中心系统的最大优点是，由于采用了 CTI 技术，因此可以同时提供人工服务与自动服务；其缺点是用户只能得到声讯服务。

（4）第四代呼叫中心系统。随着互联网的飞速发展，企业纷纷在互联网上建立网站进行宣传，而部分企业又建立了呼叫中心来处理客户服务。如果在呼叫中心系统中增加互联网网关，用户就可以在访问网站的同时，通过浏览器软件直接呼叫企业的呼叫中心。这样，呼叫中心的接入方式就不再仅限于电话呼叫接入，而可以充分利用数据库的信息资源，为将来利用互联网进行电子商务活动奠定基础。因此基于互联网的第四代呼叫中心系统就诞生了。其优点是：提供自动与人工服务，对座席进行技能分组，采用先进的操作系统及大型数据库，支持多种信息源的接入。由于CTI技术与互联网技术的紧密集成，使得呼叫中心由单一的以声讯访问为主转变为多种媒体手段的组合，如可以提供声音、传真、E-mail、视频等多种媒体的组合。基于互联网的呼叫中心可以为用户提供先进的搜索引擎，自助式的Web页访问，同时可以为用户提供VoIP、文字交谈（Text-Chat）、可视化协作、Web导航等实时服务。呼叫中心可以针对用户的E-mail、Web信箱留言进行及时回复，可以按照用户的请求进行回叫服务，也可以在用户进行浏览时同步传输声音。

中国电信的呼叫中心开始真正进入快速发展期，不仅对技术的发展、功能的需求日益增加，而且对技术和功能的需求更加合理、科学。这阶段可以赋予中国电信呼叫中心一个新的定义，同时也具有中国电信的特色，区别于其他纯服务的呼叫中心，那就是中国电信呼叫中心是为客户服务、市场营销和其他特定的商业活动而接收和发出呼叫的一个实体。可见，电信呼叫中心的发展体现出呼叫中心已经由简单的电话呼叫中心转变为多媒体客户联络中心，并着重于提供高质量的客户服务的过程。

2.1.3 呼叫中心的组成及体系结构

一个典型的基于交换机的呼叫中心系统是由自动排队机系统、计算机电话集成系统、交互式语音应答系统、数据库应用系统、来话呼叫管理系统、去话呼叫管理系统、人工座席系统、电话录音系统、呼叫管理系统等组成。

1. 自动排队机系统

自动排队机系统主要实现电话呼入、呼出功能；还需要提供自动呼叫分配（ACD）系统；呼叫管理系统，用于有效管理所有话务；支持IVR；提供CTI Link模块作为计算机电话集成接口。

自动呼叫分配系统是现代呼叫中心有别于一般的热线电话系统和交互式语音应答系统的重要标志，其性能的优劣直接影响到呼叫中心的效率和客户满意度。在一个呼叫中心系统中，ACD成批地处理来话呼叫，并将这些来话按规定路由传送给具有类似职责或技能的各组专业座席人员。

ACD功能可在交换机内部实现或CTI服务器上实现。ACD用来把大量的呼叫进行排队并分配到具有恰当技能和知识的座席人员处。座席人员按相似的技能分成若干组，如普通座席组、专家咨询组等，或者按其他业务职能进一步细分。ACD 的工作就是将呼叫排队并路由到合适的组和合适的座席人员处。排队的依据多种多样，如拨入的时间段、主叫号码、DNIS、主叫可以接受的等待时间、可用座席数、等待最久的来话等一系列参数。用户等待时可以听到音乐或延迟声明。

ACD可以在多方面提高客户满意度：将呼叫路由给最闲的座席可以减少主叫的排队时间，将呼叫路由给最有技能的座席将解决客户的专业问题和特殊需要；呼叫提示令客户可以对呼叫有更多的控制权，如预计等待时间太长就可以选择留言挂机或者转到一个指定的分机，或者只是听取信息播放。

2. 计算机电话集成系统

计算机电话集成技术可使电话与计算机实现信息共享，计算机的 CTI 应用系统通过特定交换机的 CTI Link，实现后台计算机对交换机进行呼叫控制和呼叫状态传递，而且可以全面控制交换机的电话、呼叫、分组、引导和中继线，实现灵活的呼叫管理和监控。

基于 CTI 技术的中间件能够提供呼叫管理、监控，并能与呼叫中心中的 ACD、IVR、录音设备、传真、应用软件、数据库各部件相集成，由于其提供统一标准的编程接口，屏蔽 PBX 与计算机间的复杂通信协议，给不同的 CTI 应用程序开发和应用系统集成带来极大方便。

采用CTI技术可以提高工作效率，改进客户服务质量。由于采用智能分配技术，可根据座席人员的忙闲统计及服务能力、每天不同时段呼叫统计、主叫用户的所在区域、主叫用户的号码、

IVR按键选择、产品信息、客户信息等因素，提供最佳的分配方式，使用户可以得到更快捷的服务；另一方面，座席人员可事先在计算机屏幕上看到诸如客户的历史记录、习惯、服务记录等信息，并根据智能提示功能向客户提供更高水平、更具有针对性的服务。在呼叫中心环境，CTI技术中的典型应用包括：

（1）屏幕弹出功能：当呼叫分配后，能在相应座席人员的计算机屏幕上及时显示来话和客户信息。

（2）协调的语音和数据传送功能：允许在座席人员之间传递语音呼叫和有关数据。

（3）个性化的呼叫路由功能：允许系统根据被叫号、主叫号、产品信息、客户历史信息等信息，实现基于计算机的呼叫选路，如为呼叫者接通上一次为其服务的座席人员等。

（4）预览功能：由一种由软件控制的自动拨号装置首先激活座席人员的话机，然后拨打电话号码，座席人员负责接听呼叫处理音并与被叫用户通话，若无人应答，就将呼叫转给计算机处理。

（5）预拨功能：由计算机自动完成被叫方选择、拨号以及无效呼叫的处理工作，只有在呼叫被应答时，计算机才将呼叫转接给座席人员。座席人员也可代表IVR、FAX设备实现主动语音通知、发送传真功能。

（6）"软电话"功能：座席人员在座席端可实现电话接听、挂断、咨询、转接、会议等电话功能。

3．交互式语音应答系统

交互式语音应答（IVR）系统是呼叫中心的重要组成部分，

实际是一个"自动的座席人员"。通过 IVR 系统，用户可以利用音频按键电话或语音输入信息，从该系统中获得预先录制的数字或合成语音信息。先进的 IVR 系统可实现互联网语音、TTS 文语转换、语音识别、电子邮件转语音等先进的语音功能。

IVR系统可以利用后台数据库中的信息筛选来话并传送路由。来话者的按键选择将有助于计算机系统得到更多的呼叫者信息，使智能路由分配ACD系统能更加准确地传送呼叫，座席人员提供更有针对性的服务。结合数据库系统，IVR系统直接为用户提供自动查询、咨询、投诉、信息定制等服务。在呼叫中心服务中，使用IVR系统还有以下几个重要功能：

（1）改善客户服务质量：在客户咨询有关产品或服务时，能提供及时、准确、一致的答复。

（2）提高工作效率：IVR可以完成例行工作，座席人员因而可以专注于那些需要专门技能的呼叫请求，从而减轻座席人员的负担。

（3）简便的信息输入：用户无需配备专门的设备，使用音频按键话机就能进行信息输入和检索。

（4）增加呼叫数量：服务速度的加快，使呼叫中心可以同时处理更多的来话。

（5）提供全天候服务：通过IVR为呼叫者提供7×24小时的服务。

IVR 系统既可以采用专用的 IVR 设备，也可采用通用的工控机平台上插入 Dialogic 或其他语音卡厂家的语音卡组成 IVR/FAX 交互式语音和传真系统，并支持中文语音合成 TTS 等技术。

4．数据库应用系统

数据库应用服务器是呼叫中心的信息数据中心，用来存放呼叫中心的各种配置统计数据、呼叫记录数据、座席人员人事信息、客户信息和业务受理信息、业务查询信息等。呼叫中心的数据源包括已有的业务系统中的历史和当前的数据内容，有些数据可定期从业务数据库复制到呼叫中心数据库，或经过应用网关从业务系统数据库中联机检索得到。

通过数据库应用系统，一方面为ACD系统提供基于产品信息、客户信息的路由分配方式，为客户提供更为迅速、更为个性化的服务；另一方面，为IVR、座席等系统提供数据库访问服务、文件服务。

同时，应用服务器还提供认证加密、系统管理配置、网关等功能。由于数据库应用服务器必须具有高性能、高可靠性、可扩充性、开放性、标准性，因此大型的呼叫中心的数据库应用服务器一般选择集群技术，采用两台或多台数据库应用服务器，外接大容量的磁盘阵列，构成大规模的集群系统，实现高性能、高可靠性和安全性。数据库系统一般采用企业级数据库软件，如 MS SQL Server、Oracle、Sybase、Informix 等。

5．来话呼叫管理系统

来话呼叫管理系统（ICM）是一种用于管理来话的呼叫、呼叫转移和话务流量的计算机应用系统。当呼叫进入呼叫中心系统后，ICM 借助 CTI 技术能够有效地跟踪呼叫等待、接听、转接、会议、咨询等动作，以及与呼叫相关的呼叫数据传递，如 ANI、DNIS、IVR 按键选择、信息输入等数据，做到数据和语音同步，提供有用的呼叫用户个人信息，满足个性化服务需求，并节约时间和费用。

同时，ICM 能够根据 ACD 系统参数和呼叫用户信息，将呼叫分配给最适合的座席人员，提高资源的利用率和效率。

6．去话呼叫管理系统

去话呼叫管理系统（OCM）负责去话呼叫并与用户建立联系，即所谓的主动呼出。去话呼叫管理系统可分为预览呼叫和预拨呼叫两类：

（1）预览呼叫：首先激活座席人员的话机，然后拨打电话号码，座席人员负责接听呼叫处理音并与被叫用户通话，若无人应答，就将呼叫转给计算机处理。

（2）预拨呼叫：由计算机自动完成被叫方选择、拨号以及无效呼叫的处理工作，只有在呼叫被应答时，计算机才将呼叫转接给座席人员。

预拨呼叫的实现依赖复杂的数学算法，要求系统全盘考虑可用的电话线、可接通的座席人员数量、被叫用户占线概率等因素。预拨呼叫使座席人员无需花时间查找电话号码、进行拨叫和听回铃音，因而可大大提高呼叫中心的效率。

OCM 可单独使用，也可与 ICM 结合使用。同时具备 OCM 和 ICM 功能的呼叫中心允许处理来话呼叫的座席人员在业务低峰期处理去话呼叫，进行电话销售、信息收集和用户服务等，将呼叫中心真正由过去的"支出中心"转变为可直接为公司创造经济效益的"利润中心"。

座席人员也可通过 IVR、FAX 设备，实现主动语音通知、发送传真功能。

7．人工座席

人工座席是由为客户提供服务的座席人员、电话耳机和计算机终端设备组成。数字话机一般采用与 ACD 交换机配合使用的数字话机，支持自动摘机和挂机功能，担任管理任务的班长座席的话机还具有扩充的功能健，支持电话监听等功能。座席计算机一般采用 PC 机，通过局域网访问 CTI 服务器和数据库服务器，运行桌面应用系统。桌面应用系统本身还具有软电话功能，实现各种电话操作，如电话摘机、挂机、转接、保持、外拨、会议、咨询等。呼叫信息随着电话振铃能够自动弹出在座席终端上。人工座席按功能可划分为座席人员座席、班长座席、质检席、后台业务席。

8．电话录音系统

电话录音系统对座席人员和客户的通话进行全程录音，并对录音数据进行存储管理。录音设备作为呼叫中心的辅助设备，可以实现全程录音和随机调听。采用录音设备后，座席人员能够进行谈话信息整理，班长和质检人员能够浏览和调听座席人员的通话，作为质量监督检查的依据。在呼叫中心中，电话录音将作为事实的依据。

从技术上来讲，录音设备分为对中继线录音和对用户线录音两种。录音系统一般是在工控机上插入语音卡和接口卡组成。录音系统在全程录音的同时支持一定线数的随机调听，支持将录音检索和调听放音功能集成到应用系统中。

9．呼叫管理系统

呼叫管理系统实现对呼叫中心实时状态监控和呼叫统计。系统管理人员依据当前的状态监控显示掌握当前系统的工作状况，如忙闲程度、业务分布、座席人员状态、线路状态等。领导决策人员依据对呼叫信息的历史统计进行针对性的决策，决定系统的规模、人员数量等的调整，以提高系统的运行效率和服务质量。

2.2 现代呼叫中心的特征和功能

1．现代呼叫中心的特征

以CTI技术为核心的呼叫中心是一个集语音技术、呼叫处理、计算机网络和数据库技术为一体的系统，它具有如下特征：

（1）智能化呼叫路由使资源得以充分利用，采用自动呼叫分配系统，由多种条件决定路由的选择。

（2）个性化服务与最适合的人回答问题，呼叫中心采用呼叫引导和呼叫提示功能，使有特定需求的问讯者被引导到最适合应答此类需求的业务座席。

（3）自动服务分流，由自动语音或自动传真可使客户呼叫分流，或由不同座席人员提供不同服务的客户呼叫分流。

（4）7×24小时服务，通过CTI的计算机交互式语音应答服务，问讯者可得到全天24小时的服务。

（5）实时的用户资料显示，通过DNIS（被叫号码识别业务）和ANI（自动主叫号码识别），呼叫中心将在建立路由的同时启动数据库系统，将客户资料同步显示在座席人员的电脑上。

（6）实时信息管理，呼叫中心能够对呼叫及响应的数据进行实时存储、统计、输出，并且具备生成各种报表的能力。

2. 现代呼叫中心具备的功能

（1）应能提供每周7天，每天24小时的不间断服务，并允许客户在与座席人员联络时选择语音、IP电话、电子邮件、传真、IP传真、文字交谈、视频信息等任何通信方式。

（2）应能事先了解有关客户的各种信息，不同客户安排不同座席人员与之交谈，并让座席人员做到心中有数。

（3）呼叫中心不是"支出中心"，而是不仅有良好的社会效益，同时有好的经济效益的"利润中心"。

（4）呼叫中心对外面向客户，对内与整个企业相联系，与整个企业的管理、服务、调度、生产、维修结为一体，它还可以把从客户那里所获得的各种信息、数据全部储存在庞大的数据仓库中，供企业领导者作分析和决策之用。

（5）呼叫中心采用最现代化的技术，有界面友好的管理系统，随时可以观察到呼叫中心运行情况和座席人员的工作情况，为客户提供最优服务。

3. 呼叫中心的分类

呼叫中心可以按照不同的参照标准分成多种类型，如按采用的不同接入技术分，可以分成基于交换机的自动呼叫分配呼叫中心（见图2-1）和基于计算机的板卡级呼叫中心（见图2-2）。这

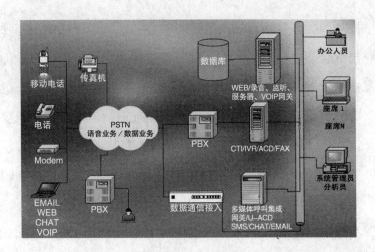

图 2-1 交换机级呼叫中心系统结构

两种类型的区别主要是在语音接续的前端处理上，前者由交换机
设备完成前端的语音接续，即用户的电话接入；后者由计算机通
过语音处理板卡，完成对用户拨入呼叫的控制。前者处理能力较
大，性能稳定，适于构建规模超过100个座席以上的比较大的呼
叫中心系统，但同时成本也较高，一般的企业无法承担；后者的
处理规模较小，性能不太稳定，适于构建规模较小的系统，其优
点是价格低廉，设计灵活。

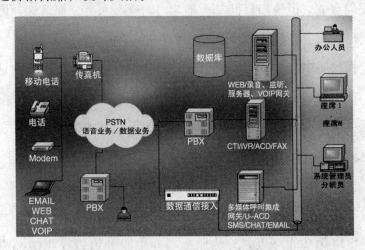

图 2-2 板卡级呼叫中心结构

按呼叫类型分，有呼入型呼叫中心、呼出型呼叫中心和呼入／呼出混合型呼叫中心。呼入型服务包括客户服务、客户投诉、产品查询、交易服务等；呼出型服务包括满意度调查、信息通知、客户再生等。呼入式销售包括产品查询、申请、产品销售、交叉销售等；呼出式销售包括电话销售、账款催收等。

按功能分，有传统电话呼叫中心、Web 呼叫中心、IP 呼叫中心、多媒体呼叫中心、视频呼叫中心、统一消息处理中心等。

按使用性质分，可分成自用呼叫中心、外包呼叫中心和 ASP（应用服务提供商）型呼叫中心，其中 ASP 型是指租用他人的设备和技术，而座席人员是自己公司的类型。

按分布地点分，可分成单址呼叫中心和多址呼叫中心。

按人员的职业特点分，有 Formal（正式）呼叫中心和 Informal（非正式）呼叫中心两种。正式的呼叫中心就是有专门的座席人员处理客户的呼叫，为客户提供服务的呼叫中心；非正式的呼叫中心是指那些由非专门的座席人员来处理客户的呼叫，如在证券业有大量的证券经纪人，他们利用证券公司的呼叫中心为客户提供交易服务，但他们自己并不是专门的座席人员，那么这个证券公司的呼叫中心就属于非正式的呼叫中心。

按呼叫中心技术的发展史进行划分，有两种分法：一种是把呼叫中心分成传统呼叫中心和现代呼叫中心；另一种是一些设备厂商的为强调新一代的产品中所加入的更先进的技术，即经常可以见到的第一代、第二代的称谓，现在已开始向第四代迈进。

按应用划分，种类更多，主要有电信呼叫中心、银行呼叫中心、邮政呼叫中心、民航呼叫中心、企业呼叫中心、政府呼叫中心等。

按应用功能可以划分为服务呼叫中心和销售呼叫中心两大

类。在实际中，更多的是根据应用的不同情况和场合，将这些分类有机地结合在一起；比如可以将一个呼叫中心描述为基于交换机的、具有Web功能的、呼出型多址外包呼叫中心，是对一个呼叫中心最精确的描述。

2.3 呼叫中心的应用

呼叫中心可以应用在许多领域，电信业、银行业、保险业以及新兴的信息技术产业等都可以通过建立呼叫中心的形式为其用户提供优质、快捷的服务。

1．呼叫中心的应用领域

（1）电信业。呼叫中心应用的典型代表是电信客户服务中心。长期以来，电信部门建立了庞大的服务体系，以特种服务电话号码的方式提供给客户，如114查号台、121天气预报台、112电话障碍申告、160声讯业务查询等。这种做法的缺点是特服号码过多，用户只能记住少数几个，而且新的服务不容易展开。另外，服务质量也参差不齐，系统不容易统一管理。采用电信客户服务中心，以统一号码、统一界面、统一功能、统一标准为原则建立的电话呼叫中心号码，将电信系统原有的114查号台、112故障台、180客户投诉受理台等客服系统集成为一个整体，为电信用户提供号码查询、故障申报、客户投诉、业务咨询以及业务受理等多种服务，就可以使客户服务集中化，提高了服务质量，降低了业务系统运作费用，优化了全局管理，产生了众多的综合效益。

（2）银行业。呼叫中心还可以广泛应用于银行业，建立电话银行服务中心，24 小时为用户提供利率查询、转账、交费等交互式服务。通过呼叫中心，客户可以使用电话这种最普遍的通信方式享受银行提供的服务。在开设新支行的成本越来越高的今天，客户服务中心将成为银行增加网点的最佳替代选择。

（3）证券业。许多证券公司都有自己的呼叫中心，可以帮助客户进行电话委托交易、账户查询、股票查询、行情查询等业务。

（4）交通运输业。应用于航空和铁路运输公司，提供旅客关心的航班／车次时刻表，机（车）票预订、更改和取消，客户投诉与表扬，以及各种业务咨询等。

（5）保险业。在保险业中，呼叫中心可起到三方面的作用，包括保户服务、业务扩展、服务人员的计算机帮助窗口。保户服务指的是一般保全服务、保户查询、保户投诉处理、紧急事件处理、24 小时服务、理赔服务、简易型保单处理等。业务扩展包括维护客户忠诚度、新种业务推广、新保单追踪与服务、新保户满意度调查、配合公司推广市场策略、保费逾期催缴、市场调查等。

（6）新兴信息业。在新兴的信息技术产业中，为了向用户提供优质的产品和优质的服务，建立客户服务中心的服务形式已悄然兴起。1998 年初，IBM 公司投资 2 万美元在北京建立开通了东南亚最大的电话呼叫中心 400 线；微软总部每天要处理 2～3 万个电话事务，有三四千名技术人员从事技术支持应答服务。可见，呼叫中心是当今任何规模的高技术企业所必需的服业务环节之一。

（7）邮政网。邮政业通过建立呼叫中心、EMS服务中心来提高客户的信任度，改善服务质量，扩大业务范围，增加服务层次。

（8）移动通信网。移动通信企业通过建立呼叫中心来提高服务质量，从而改进网络的运行情况，提高客户满意度，增强竞争力。

（9）其他应用。呼叫中心还可应用于商业机构（电话购物）、跨国公司（服务中心）等。

2．呼叫中心的作用

呼叫中心作为企业和客户之间联系的纽带，为企业提供了与客户直接交流的机会，而每一个呼叫可能意味着一个重要的机会。

对于企业而言，呼叫中心的作用主要体现在以下几方面：

（1）提高工作效率。呼叫中心能有效地减少通话时间，降低费用，提高员工和座席人员的工作效率，能在最短时间内将来话转接给最适合的座席人员，通过呼叫中心发现问题并加以解决。

（2）节约成本。呼叫中心统一完成语音与数据的传输，用户通过语音提示即可以很轻易地获取数据库中的数据，有效地减少了每一个电话的时长，使得每一位座席人员在有限的时间内可以处理更多的客户呼叫，大大提高了电话处理的效率及电话系统的利用率。通过呼叫中心还可增加企业直销，缩减中间环节，降低库存，节约营销成本。

（3）选择合适的资源。根据员工的技能、员工的工作地点，来话者的需要、来话者的重要性以及不同的工作时间／日期，来选择最好的同时也是最可接通的座席人员。

（4）提高客户服务质量。自动语音设备可不间断地提供礼貌而热情的服务，而且由于电话处理速度的提高，大大减少了用户在线等候的时间。在呼叫到来的同时，呼叫中心即可根据主叫号码或被叫号码提取出相关的信息传送到座席的终端上。这样，座席人员在接到电话的同时就会得到很多与这个客户相关的信息，简化了电话处理的程序。

（5）留住客户。一般客户的发展阶梯是:潜在客户—新客户—满意的客户—留住的客户—老客户。失去一个老客户所受到的损失往往需要有八九个新客户来弥补，而20%的重要客户可能为您带来80%的收益，所以留住客户比替换他们更为经济有效。要学会判断最有价值客户，并奖励老客户，找出客户的需要并满足他们的需要，从而提高客户服务水平，达到留住客户的目的。

（6）带来新的商业机遇。理解每一个呼叫的真正价值，提高收益、提高客户价值，利用技术上的投资更好地了解客户、鼓励与客户密切联系，使产品和服务更有价值。尤其是从每一次呼叫中也许可以捕捉到新的商业机遇。

（7）优化企业管理。呼叫中心从技术角度和信息安排上帮助企业建立了一个完整的对外服务系统，可以优化企业内部管理体制，减少了管理层次，提高了工作效率。企业通过呼叫中心，可将收集到的大量信息和数据反馈给企业的经营者，使其及时决策，把握商机。

（8）减轻座席人员工作压力。呼叫中心的信息共享和座席人员的技能分类分级的机制，可以使每名座席人员的任务均衡，工作更加流程化，减轻了工作人员的压力，且通过培训可使员工在技能上得到提升与补充。

（9）对企业外部形象的优化。通过呼叫中心加强了企业与客户的沟通，让用户满意，提高了企业服务量，使得用户数量和营业收入不断增加，形成良性循环。

2.4 呼叫中心的技术演进与发展趋势

2.4.1 呼叫中心的技术发展趋势

在传统的系统中，一些功能软件是构筑在交换机系统之上的，如 ACD 功能、语音邮箱功能。而目前的趋势就是交换系统与这些功能软件之间各自独立，这样做的最大好处是可使功能软件有很高的灵活性。交换机的用户可根据自己的需求购买软件，使得软件功能的增加和修改都很方便。

（1）硬件趋于开放并符合标准。在过去的系统中，不同硬件厂家提供了不同的 API，而且不同厂家的硬件经常不能共存于一个系统中，即使可以在一个系统中使用不同硬件厂家的硬件，开发之前也必须熟悉不同的 API。硬件的标准化不仅会缩短软件开发的周期，而且在一个系统中可以共存不同厂家的硬件，用户完全可以根据自己的需求选择质优的硬件，这对于呼叫中心未来的发展十分有利。

（2）交换系统的规模缩小。若干个小型的交换系统将逐渐替代过去十分庞大的交换系统，这对于维护、管理、扩容均有一定的好处，由此可以推断呼叫中心的规模也将趋于小型化。

（3）交换系统与语音资源的统一。在过去的系统中，交换系统与语音系统资源各自独立，彼此通过普通电话线进行连接。显而易见，它们之间相互传输的信息十分有限，而将两者通过总线的方式连接在一起，交换系统与语音资源之间不仅可以传输话音，更可以快速而准确地传输丰富的信息，实现相互间更好的配合。

这些丰富的信息可帮助呼叫中心更好地完成数据提取和传输的工作。

（4）密度增加，节约费用。所谓密度增加，就是指硬件的板卡上可以支持更多的通道时，传输线上具有更大的带宽，而板卡具有更快的信号处理速度，同时硬件的高速发展降低了硬件的成本。这样的低开销和大容量促使我们搭建出集交换、语音、数据于一体的呼叫中心。一个企业只购买这样一个呼叫中心，就可以实现以前若干个系统才可以完成的功能。

（5）语音传输实现打包传输。过去用户与呼叫中心之间是靠电路交换网来连接的，所以用户与呼叫中心之间的通信方式局限于话音。如今用户与呼叫中心之间不仅存在着电路交换网，还存在包交换网、帧交换网。电路交换网与这些交换网之间有网管相连，因此语音可以像数据一样被打包传输（如 IP 电话 / 传真业务等）。

（6）增加丰富的功能。由于语音传输可实现打包传输，使得语音与数据传输实现了完全的统一，用户与呼叫中心之间可以通过语音进行通信，还可以通过电子邮件、传真甚至图像进行通信。

（7）分层的系统结构。所谓分层的系统结构就是指系统按照像数据网络的 OSI 参考模型，由若干个属于不同层次的模块组成。这样做的最大好处就在于上层的模块可以共享下层的模块，资源可以被充分利用，而且这种分层的结构避免了重复开发，节约了人力、财力和时间。

2.4.2 呼叫中心的业务发展趋势

1. 呼叫中心与 800 号业务结合

目前在美国，呼叫中心已经形成了约44亿美元的行业，而且正以每年20%的速度增长。呼叫中心日益成为一面反映新型组织面貌的镜子：充满活力、动作迅速、富于创造性并不断寻求为用户提供服务的新机会。呼叫中心在欧美之所以有如此之大的市场，主要原因之一就是被叫付费业务（800业务）的应用非常广泛。目前中国许多大中型企业也陆续提供800业务，以提高企业的服务质量、收集反馈信息、宣传产品，成为联系企业和客户的纽带。

由于是被叫集中付费，因此设法提高 800 业务的利用率、最大限度地收集信息、创造良好的经济效益便成了企业急于解决的问题，而呼叫中心以其对来话和去话强大的管理和控制功能将会越来越受到企业的欢迎。

800 号业务可为企业吸引更多的用户，使企业产品为更多的用户所知晓，但也可能由于主叫无须付费，造成许多客户频频拨打该电话询问一些简单的问题，因而造成线路繁忙，座席人员难以应付。许多客户也因屡叫不同而产生怨言，同时座席人员也因工作繁忙而出错，造成效率低下并且浪费了大量的通信费用。此外，由于有的大企业部门众多，业务跨国家，技术分工细，客户所询问的问题包罗万象，座席人员不可能圆满地回答所有问题，往往要转好几个部门找到专门人员才能得到答复，这也影响了800 号业务应有功能，削弱了服务质量。

应用 800 号业务的企业由于有了呼叫中心的帮助便轻易地解决了以上问题，能有效地控制和处理来话，能提供客户满意的服务，这种计算机与电话融合的技术使这两项业务相互促进，并开拓了新的市场。

2. 呼叫中心与互联网的结合——互联网呼叫中心

互联网应用的不断普及，对各个领域都带来了深远的影响。呼叫中心把互联网同呼叫中心结合起来，就形成了互联网呼叫中心（ICC）。ICC 为客户提供了一个从 Web 站点直接进入呼叫中心的途径，使得呼叫中心从传统形式上的"拨叫到交谈"扩展到现代形式上的"点击到交谈"。ICC 集合了 IP 电话、文本交谈（在窗口内用户可以输入文字与呼叫中心进行实时交流）、网页浏览自助服务、电话回呼、E-mail 和传真等功能，给客户提供方便、快捷的个性化服务，增强座席人员为客户提供帮助的能力，使得客户服务水平的标准化、全球化成为可能。ICC 的组成如图 2-3 所示。

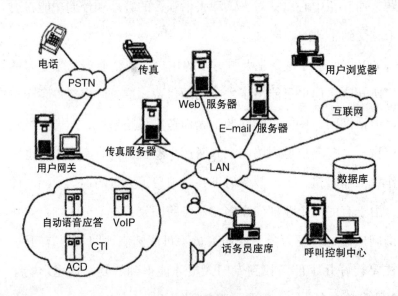

图 2-3　互联网呼叫中心

互联网呼叫中心融合了呼叫中心的专业能力，并添加了使网站进行个性化服务的功能。这主要表现在：客户无论何时何地都能以最便利的方式进行商务交易；客户只需按动键盘，即可获得个性化服务；通过把网站和呼叫中心集成为经济实用的销售和服务中心，增加了网站和呼叫中心的价值，使企业的网站具有交互性和吸引力。

互联网呼叫中心减轻了座席人员的日常工作，而改由网站承担这些工作，并能够使客户掌握当前信息、审视价格、观看产品图片及随时订货。上网的客户在需要帮助时，只需按动一下键盘，就可以通过一对电话线与座席人员联系。互联网不仅使用户能够更加方便地购买物品和接受服务，还可以使呼叫中心座席人员只处理那些需要具备专业知识并进行亲自指导的问题，从而更有效地利用了时间。必要时，使用同一设备，座席人员就可处理互联网呼叫、普通语音呼叫和电子邮件呼叫，从而充分利用了现有的通信资源，并将座席人员的作用充分发挥出来。

互联网呼叫中心为网站的访问者提供了多种选择，可以适应客户的不同需求、喜好及系统配置。如客户可利用"PC机—互联网—呼叫中心语音"的连接方式同座席人员交谈；可以通过互联网呼叫中心和座席人员进行文本"交谈"；可以通过网站界面要求座席人员电话回呼；可以发送电子邮件，传递给具有相关知识的座席人员进行处理。

基于互联网的呼叫中心，还可以与如下一些最新技术融合：

（1）WAP与ICC的融合。为了使移动手机能访问互联网，人们联合开发了无线应用协议WAP。它针对移动通信网络的特点对现有网络技术进行了修改，并适当引用新技术，以实现WAP手机可直接访问呼叫中心的互联网上的内容及其数据，并使主要的信息内容可在有限的手机屏幕上全部显示出来。这样，就可以把呼叫中心用户扩大到具有 WAP 手机的移动用户群，其原理如图 2-4 所示。

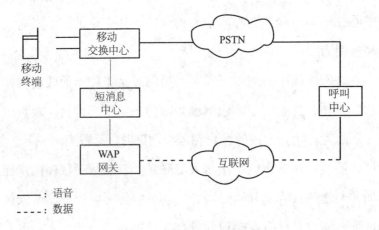

图 2-4　WAP 与 ICC 的融合

（2）ASR 与 ICC 的融合。目前自动语言识别（ASR）技术进步很快，它的一个研究分支叫做文字转换成语音（TIS）。这些转换在国外已有不少公司作出了成果。

以上两种融合是把无线（移动）通信引入呼叫中心，因此可能称之为具有无线的呼叫中心。

（3）DW 技术与 ICC 的融合。数据仓库（DW）是近年来发展起来的一种新的用于决策系统的技术，在国外很多规模较大的呼叫中心都引入了这一技术。当然，由于资金有限，规模不大等各种原因，要在比 ICC 上附上一个庞大的 DW 是不合适的，但是可以利用用户数据库、市场信息库等方法，并编写一定的软件，对所获得的资料定期作出统计分析，供企业领导作出决策，以弥补投资上的不足。

（4）多媒体技术与 ICC 的融合。目前，有些公司已提供了具有部分多媒体功能的呼叫中心，但是这些呼叫中心还不是未来的功能强大而全面的多媒体呼叫中心。由于早期呼叫中心主要基于CTI技术，主要是语音与数据集成，所以引入视频部分早就为人们所渴望。由于人类接收信息的70%来自视觉，因此呼叫中心引入视频技术，即采取多媒体技术，将使呼叫中心在功能上有一个飞跃。

3．多媒体呼叫中心

多媒体呼叫中心是在普通呼叫中心的基础上，使客户与座席人员双方可以通过屏幕"面对面"地交谈，并可将相关数据显示在屏幕上，使客户和座席人员均能做到一目了然。多媒体呼叫中心实际上是基于CTI技术的传统呼叫中心与互联网呼叫中心的结合。现在许多呼叫中心把各种媒体通信技术集成到了一起，允许座席人员同时处理语音呼叫、Web请求、E-mail和传真。

在今天的呼叫中心中，令人兴奋的技术优势之一是集成，即通过一个普通网络基础设施所获得的数据、语音和图像的集成。多媒体呼叫中心正是在商业上采用多媒体技术并获得利益的第一批实际应用之一。

由于语音、图像和数据的集成，使得可以通过多种媒体来传输信息。语音和数据处理的产品供应商正在大力推广集成化的多媒体呼叫中心整体解决方案，而这种跨越合作企业和互联网的集语音和数据传输为一体的呼叫中心解决方案，在以前是根本不可能实现的。当技术的发展到了一定的程度的时候，这些在呼叫中心革命中占据早期有利位置的公司将从增长的人员生产力、客户的满意度和市场竞争中受益。

多媒体呼叫中心的应用于发展，大大提高了客户服务水平，使企业进一步贴近客户，并赢得客户的信赖。

4．可视化多媒体呼叫中心

人类所接受信息的 70% 来自视觉，随着技术的进步，人们对视频图像数据的传输需求越来越强烈。完美的呼叫中心是客户和座席人员可以通过视频信号的传递面对面地进行交流，可视化多媒体呼叫中心（VMCC）正是技术和需求相互结合的产物。这种投资相对较高的呼叫中心的服务对象，是那些需要在得到服务的同时感受舒适和安全的重要客户。随着技术的进步和设备投资的降低，VMCC 将在今后占据呼叫中心市场的主导地位。

5．虚拟呼叫中心

为了最大限度地节省投资以及充分利用人力资源，在现代呼叫中心中，先进的基于智能化、技能分组的路由技术使得运营者可以建立虚拟呼叫中心，即座席人员可以有效地工作在任意地点。例如，一个在特殊复杂产品方面的专家可以工作在远离呼叫中心的其他工作地点，而仍然能服务于呼叫中心的客户。实际上，"呼叫中心"正在演变成"虚拟客户服务中心"。

6．联网呼叫中心

联网呼叫中心可将遍布全国甚至全球各地的呼叫中心结合起来组成一个强大的呼叫中心，进而实现资源共享和优势互补，大大节省呼叫中心的开支。这对在全国乃至全球拥有许多分支机构的跨国企业来说，无疑是一个完整的解决方案，其得天独厚的优势会使企业获得意想不到的利润。

呼叫中心成为客户服务中心以来，一直是基于传统的硬件平台和软件应用，然而这些旧的解决方案已经跟不上时代发展的步伐。现在网络中开放性标准的广泛应用、通信中的复用技术、低成本的 PC 系统和互联网的成功，都是呼叫中心得以发展的关键因素。在呼叫中心市场上，传统的、独立的模式正在朝着标准的硬件平台、封装式的应用方向发展，并且整体解决方案的成本在降低。未来的呼叫中心将允许客户在与座席人员联络时随意选择包括传统的语音、IP 电话、电子邮件、传真、文本交谈、视频等在内的任何通信方式，呼叫中心将是一个集现代化通信手段于一体，具有高度智能的、全球性的并且可以给运营者带来巨大收益的客户服务中心，呼叫中心的市场前景将十分广阔。

2.4.3 国内呼叫中心产业发展最新动态

现在国内呼叫中心产业的发展趋势，主要体现在以下几点：

1．传统呼叫中心与 Web 相结合

Web 为呼叫中心带来了新的发展机会，通过将呼叫中心与 Web 结合，可以提高客户自助服务的能力，减少人工座席，提高客户满意度，建立客户经验。另外，互联网为客户接入呼叫中心增加了新的通道，如 E-mail、文本交谈、Web 回叫等。随着互联网的迅速普及，Web 功能将成为呼叫中心的基本配置。

2．电子商务与呼叫中心相结合

将网络与呼叫中心结合，既可以为客户提供更为优质的服务，又扩展了业务范围，还可以进入传统的电话营销领域，与电子商务相结合。将电话营销和网络营销结合，这无疑是一片充满商机的新大陆。其实，国外的电话营销已经存在了很多年，但在中国一直没有得到很好的普及，现在随着技术的进步和人们观念的改变，相信人们会逐渐接受电话营销这种方式。

3．CRM 和呼叫中心相结合

客户关系管理（CRM）和呼叫中心结合成为一种趋势和必然。CRM的主要作用是：建立企业与客户之间的联系；帮助企业收集市场情报、客户资料的情报等；维护客户忠诚度，扩大销售基础等。随着竞争的日益激烈，企业越来越重视客户关系管理，于是CRM软件也成为企业提高竞争能力，从以产品为中心转到以客户为中心的主要工具。

近几年，各行各业开始重视 CRM 软件，很多国内的软件开发商也开始加入其中。目前主要的开发商包括管理系统软件公司、数据库软件开发公司、呼叫中心应用软件开发公司、财务 ERP 开发公司和专业 CRM 软件开发公司等。CRM 软件一般要求与现有的各种应用软件及企业内部的信息系统很好地结合使用，因此 CRM 与呼叫中心的结合是非常紧密的。对于客户来说，在选择呼叫中心解决方案时，会将其与 CRM 软件的结合能力作为一个重要参考依据。

4．呼叫中心与外包服务

自加入世贸组织以来，我国对电信服务业采取了进一步开放的政策，各行各业在日益激烈的市场竞争中也越来越意识到客户服务的重要性，从而对呼叫中心的需求增加。另外，企业越来越专注于自己的核心业务和核心产品，希望将非核心业务外包出去，以提高效率、降低成本，因此建立外包型呼叫中心的条件已逐渐具备。对于很多尚未建立呼叫中心的公司来说，很可能会跨过自己建立呼叫中心的阶段，而直接接受外包服务建立呼叫中心。

现阶段希望从事外包型呼叫中心服务的公司主要有：已经建成多年并且具有一定系统余量的各地电信呼叫中心、正在积极寻求转型的各大寻呼公司、以行业为基础的外包服务公司以及国外呼叫中心外包服务公司等。

5．呼叫中心与呼叫中心培训

呼叫中心的长期任务是探索如何有效地运营和管理，以避免成为华而不实的摆设；进一步提高服务质量，掌握国外呼叫中心先进的管理运营经验、话务服务技巧，使得呼叫中心的应用更上一层楼，成为企业的迫切需要。这同时也带来了呼叫中心培训的急剧升温，主要的培训内容包括：管理人员培训、座席人员培训、电话营销培训、设备维护培训、技能培训和CRM培训等。企业和人员在选择培训时应考虑培训方的经验、教材、教材能力、设备环境等因素。

第3章
现代电信业务概述

3.1 电信业务的概念

1. 电信业务的定义

在电信行业，人们将电信企业利用电信系统，按照用户的需求为用户传递信息而提供的各类电信服务项目总称为"电信业务"。电信业务的种类繁多，不同业务实现的技术手段不同，其功能和特征也存在较大的差异。为更好地理解电信业务，可以根据信息媒体、用户活动状态、业务是否增值、网络执行功能和通信目的等几个方面对其进行分类。从不同的角度对电信业务进行分类，其目的是便于对电信业务进行规范的管理。例如，电信管制机构通常将电信业务分为基础业务和增值业务；而电信运营企业进行专业化经营时，则常常采用按照信息媒介的不同进行分类的方法；在进行市场营销时，还需要按照用户的不同通信目的对各类业务进行组合。

2．电信业务的分类

电信业务是指电信部门利用有线、无线的电磁系统或者光电系统发送、传递和接收包括符号、信号、文字、图像或者语音等各种信息，为用户提供的各类电信服务项目的统称。随着电信技术的发展、电信体制的改革深化和市场需求的变化，电信业务的种类不断增多，按照不同的分类标准，可以从不同的角度对电信业务进行分类。本书主要根据我国《电信条例》对电信业务的分类进行介绍。

3.2　基础电信业务

基础电信业务是投资建设和经营具有物理实体的传输、交换、接入等网络元素和提供端到端全程信息服务的业务，包含以下具体细项。

3.2.1　第一类基础电信业务

1．固定通信业务

固定通信业务是指通信终端设备与网络设备之间主要通过电缆或光缆等线路固定连接起来，进而实现用户间相互通信。其主要特征是终端的不可移动性或有限移动性，如普通电话机、IP电话终端、传真机、无绳电话机、联网计算机等电话网和数据网终端设备。在此特指固定电话网通信业务和国际通信设施服务业务。

（1）固定网本地电话业务

固定网本地电话业务是指通过本地电话网（包括ISDN网）在同网内提供的电话业务。固定网本地电话业务包括以下主要业务类型：端到端的双向话音业务；端到端的传真业务、低速数据业务(加固定网短消息业务)；呼叫前转、三方通话、主叫号码显示等补充业务；经过本地电话网与智能网共同提供的本地智能网业务；基于ISDN的承载业务。

固定网本地电话业务经营者必须自己组建本地电话网络设施（包括有线接入设施），所提供的本地电话业务类型可以是一部分或全部。提供一次本地电话业务经过的网络，可以是同一个运营者的网络，也可以是不同运营者的网络。

（2）固定网国内长途电话业务

固定网国内长途电话业务，是指通过长途电话网（包括 ISDN网）在不同"长途编号"区，即不同的本地电话网之间提供的电话业务。某一本地电话网用户可以通过加拨国内长途字冠和长途区号，呼叫另一个长途编号区本地电话网的用户。

固定网国内长途电话业务包括以下主要业务类型：跨长途编号区的端到端的双向话音业务；跨长途编号区的端到端的传真业务和中、低速数据业务；跨长途编号区的呼叫前转、三方通话、主叫号码显示等各种补充业务；经过本地电话网、长途网与智能网共同提供的跨长途编号区的智能网业务；跨长途编号区的基于ISDN的承载业务。

固定网国内长途电话业务的经营者必须自己组建国内长途电话网络设施，所提供的国内长途电话业务类型可以是一部分或全部。提供一次国内长途电话业务经过的本地电话网和长途电话网，可以是同一个运营者的网络，也可以由不同运营者的网络共同完成。

（3）固定网国际长途电话业务

固定网国际长途电话业务是指国家之间或国家与地区之间，通过国际电话网络（包括 ISDN 网）提供的国际电话业务。国内电话网用户可以通过加拨国际长途字冠和国家（地区）码，呼叫另一个国家或地区的电话网用户。

固定网国际长途电话业务包括以下主要业务类型：跨国家或地区的端到端的双向话音业务；跨国家或地区的端到端的传真业务和中、低速数据业务；经过本地电话网、长途网、国际网与智能网共同提供的跨国家或地区的智能网业务，如国际闭合用户群话音业务等；跨国家或地区的基于ISDN的承载业务；利用国际专线提供的国际闭合用户群话音服务属固定网国际长途电话业务。

固定网国际长途电话业务的经营者必须自己组建国际长途电话业务网络，无国际通信设施服务业务经营权的运营商不得建设国际传输设施，必须租用有相应经营权运营商的国际传输设施。所提供的国际长途电话业务类型可以是一部分或全部。提供固定网国际长途电话业务，必须经过国家批准设立的国际通信出入口。提供一次国际长途电话业务经过的本地电话网、国内长途电话网和国际网络，可以是同一个运营者的网络，也可以由不同运营者的网络共同完成。

（4）IP 电话业务

IP 电话业务泛指利用 IP 网络协议，通过网络提供或通过电话网络和 IP 网络共同提供的电话业务。

IP电话业务在此特指由电话网络和IP网络共同提供的Phone—

Phone以及PC—Phone的电话业务，其业务范围包括国内长途IP电话业务和国际长途IP电话业务。IP电话业务包括以下主要业务类型：端到端的双向话音业务；端到端的传真业务和中、低速数据业务；与智能网共同提供的国内和国际长途智能网业务。

IP电话业务的经营者必须自己组建IP电话业务网络，无国际或国内通信设施服务业务经营权的运营商不得建设国际或国内传输设施，必须租用有相应经营权运营商的国际或国内传输设施。所提供的IP电话业务类型可以是部分或全部。提供国际长途电话业务，必须经过国家批准设立的国际通信出入口。提供一次长途电话业务经过的网络，可以是同一个运营者的网络，也可以由不同运营者的网络共同完成。

（5）国际通信设施服务业务

国际通信设施是指用于实现国际通信业务所需的地面传输网络和网络元素。国际通信设施服务业务是指建设并出租、出售国际通信设施的业务。

国际通信设施主要包括：国际陆缆、国际海缆、陆地入境站、海缆登陆站、国际地面传输通道、国际卫星地球站、国际传输通道的国内延伸段，以及国际通信网络带宽、光通信波长、电缆、光纤、光缆等国际通信传输设施。

国际通信设施服务业务经营者应根据国家有关规定建设上述国际通信设施的部分或全部物理资源和功能资源，并可以开展相应的出租、出售经营活动。

2. 蜂窝移动通信业务

蜂窝移动通信是采用蜂窝无线组网方式，在终端和网络设备之间通过无线通道连接起来，进而实现用户在活动中可相互通信。其主要特征是终端的移动性，并具有越区切换和跨本地网自动漫游功能。蜂窝移动通信业务是指经过由基站子系统和移动交换子系统等设备组成蜂窝移动通信网提供的话音、数据、视频图像等业务。

蜂窝移动通信业务包括以下内容。

（1）900/1800 MHz GSM 第二代数字蜂窝移动通信业务

900/1800 MHz GSM 第二代数字蜂窝移动通信（简称 GSM 移动通信）业务是指利用工作在 900/1800 MHz 频段的 GSM 移动通信网络提供的话音和数据业务。GSM 移动通信系统的无线接口采用 TDMA 技术，核心网移动性管理协议采用 MAP 协议。

900/1800 MHz GSM第二代数字蜂窝移动通信业务包括以下主要业务类型：端到端的双向话音业务；移动消息业务，利用GSM网络和消息平台提供的移动台发起、移动台接收的消息业务；移动承载业务以及其上的移动数据业务；移动补充业务，如主叫号码显示、呼叫前转业务等；经过GSM网络与智能网共同提供的移动智能网业务，如预付费业务等；国内漫游和国际漫游业务。

900/1800 MHz GSM 第二代数字蜂窝移动通信业务的经营者必须自己组建 GSM 移动通信网络，所提供的移动通信业务类型可以是一部分或全部。提供一次移动通信业务经过的网络可以是同一个运营者的网络，也可以由不同运营者的网络共同完成。提供移动网国际通信业务，必须经过国家批准设立的国际通信出入口。

（2）800 MHz CDMA 第二代数字蜂窝移动通信业务

800 MHz CDMA 第二代数字蜂窝移动通信（简称 CDMA 移动通信）业务是指利用工作在 800 MHz 频段上的 CDMA 移动通信网

络提供的话音和数据业务。CDMA 移动通信的无线接口采用窄带码分多址 CDMA 技术，核心网移动性管理协议采用 IS-41 协议。

800 MHz CDMA第二代数字蜂窝移动通信业务包括以下主要业务类型：端到端的双向话音业务；移动消息业务，利用CDMA网络和消息平台提供的移动台发起、移动台接收的消息业务；移动承载业务以及其上的移动数据业务；移动补充业务，如主叫号码显示、呼叫前转业务等；经过CDMA网络与智能网共同提供的移动智能网业务，如预付费业务等；国内漫游和国际漫游业务。

800 MHz CDMA 第二代数字蜂窝移动通信业务的经营者必须自己组建 CDMA 移动通信网络，所提供的移动通信业务类型可以是一部分或全部。提供一次移动通信业务经过的网络，可以是同一个运营者的网络，也可以由不同运营者的网络共同完成。提供移动网国际通信业务，必须经过国家批准设立的国际通信出入口。

（3）第三代数字蜂窝移动通信业务

第三代数字蜂窝移动通信（简称 3G 移动通信）业务是指利用第三代移动通信网络提供的话音、数据、视频图像等业务。

第三代数字蜂窝移动通信业务的主要特征是可提供移动宽带多媒体业务，其中高速移动环境下支持144 Kb/s速率；步行和慢速移动环境下支持384 Kb/s速率；室内环境支持2 Mb/s速率的数据传输，并保证高可靠的服务质量（QoS）。第三代数字蜂窝移动通信业务包括第二代蜂窝移动通信可提供的所有的业务类型和移动多媒体业务。

第三代数字蜂窝移动通信业务的经营者必须自己组建 3G 移动通信网络，所提供的移动通信业务类型可以是一部分或全部。提供一次移动通信业务经过的网络，可以是同一个运营者的网络设施，也可以由不同运营者的网络设施共同完成。提供移动网国际通信业务，必须经过国家批准设立的国际通信出入口。

3. 第一类卫星通信业务

卫星通信业务是指经过通信卫星和地球站组成的卫星通信网络提供的话音、数据、视频图像等业务。通信卫星可分为地球同步卫星（静止卫星）、地球中轨道卫星和低轨道卫星（非静止卫星）等几种。地球站通常是固定地球站，也可以是可搬运地球站、移动地球站或移动用户终端。

根据管理的需要，卫星通信业务分为两类。第一类卫星通信业务包括以下内容：

（1）卫星移动通信业务

卫星移动通信业务是指地球表面上的移动地球站或移动用户使用手持终端、便携终端、车（船、飞机）载终端，通过由通信卫星、关口地球站、系统控制中心组成的卫星移动通信系统实现用户或移动体在陆地、海上、空中的通信业务。

卫星移动通信业务主要包括话音、数据、视频图像等业务类型。

卫星移动通信业务的经营者必须组建卫星移动通信网络设施，所提供的业务类型可以是一部分或全部。提供跨境卫星移动通信业务（通信的一端在境外）时，必须经过国家批准设立的国际通信出入口转接。提供卫星移动通信业务经过的网络，可以是同一个运营者的网络，也可以由不同运营者的网络共同完成。

（2）卫星国际专线业务

卫星国际专线业务是指利用由固定卫星地球站和静止或非静

止卫星组成的卫星固定通信系统，向用户提供的点对点国际传输通道、通信专线出租业务。卫星国际专线业务有永久连接和半永久连接两种类型。

提供卫星国际专线业务应用的地球站设备分别设在境内和境外，并且可以由最终用户租用或购买。

卫星国际专线业务的经营者必须自己组建卫星通信网络设施。

4．第一类数据通信业务

数据通信业务是通过互联网、帧中继、ATM、X.25 分组交换网、DDN 等网络提供的各类数据传送业务。

根据管理的需要，数据通信业务分为两类。第一类数据通信业务包括以下内容：

（1）互联网数据传送业务

互联网数据传送业务是指利用 IP 技术，将用户产生的 IP 数据包从源网络或主机向目标网络或主机传送的业务。

互联网数据传送业务的经营者必须自己组建互联网骨干网络和互联网国际出入口，无国际或国内通信设施服务业务经营权的运营商不得建设国际或国内传输设施，必须租用有相应经营权运营商的国际或国内传输设施。

互联网数据传送业务的经营者可以为互联网接入服务商提供接入，也可以直接向终端用户提供互联网接入服务。提供互联网数据传送业务经过的网络可以是同一个运营者的网络，也可以利用不同运营者的网络共同完成。

互联网数据传送业务经营者可以建设用户驻地网、有线接入网、城域网等网络设施。

基于互联网的国际会议电视和图像服务业务、国际闭合用户群的数据业务属互联网数据传送业务。

（2）国际数据通信业务

国际数据通信业务是国家之间或国家与地区之间，通过帧中继和 ATM 等网络向用户提供永久虚电路（PVC）连接，以及利用国际线路或国际专线提供的数据或图像传送业务。

利用国际专线提供的国际会议电视业务和国际闭合用户群的数据业务属于国际数据通信业务。

国际数据通信业务的经营者必须自己组建国际帧中继和 ATM 等业务网络，无国际通信设施服务业务经营权的运营商不得建设国际传输设施，必须租用有相应经营权运营商的国际传输设施。

（3）公众电报和用户电报业务

公众电报业务是发报人交发的报文由电报局通过电报网传递并投递给收报人的电报业务。公众电报业务按照电报传送的目的地可分为国内公众电报业务和国际公众电报业务两种。

用户电报业务是用户利用装设在本单位、本住所或电报局营业厅的电报终端设备，通过用户电报网与本地或国内外各地用户直接通报的一种电报业务。按使用方式，又可将其分为专用用户电报业务、公众用户电报业务和海事用户电报业务等。

3.2.2　第二类基础电信业务

1. 集群通信业务

集群通信业务是指利用具有信道共用和动态分配等技术特点

的集群通信系统组成的集群通信共网，为多个部门、单位等集团用户提供的专用指挥调度等通信业务。

集群通信系统是按照动态信道指配的方式实现多用户共享多信道的无线电移动通信系统。该系统一般由终端设备、基站和中心控制站等组成，具有调度、群呼、优先呼、虚拟专用网、漫游等功能。

（1）模拟集群通信业务

模拟集群通信业务是指利用模拟集群通信系统向集团用户提供的指挥调度等通信业务。模拟集群通信系统是指在无线接口采用模拟调制方式进行通信的集群通信系统。

模拟集群通信业务经营者必须自己组建模拟集群通信业务网络，无国内通信设施服务业务经营权的经营者不得建设国内传输网络设施，必须租用具有相应经营权运营商的传输设施组建业务网络。

（2）数字集群通信业务

数字集群通信业务是指利用数字集群通信系统向集团用户提供的指挥调度等通信业务。数字集群通信系统是指在无线接口采用数字调制方式进行通信的集群通信系统。

数字集群通信业务主要包括调度指挥、数据、电话（含集群网内互通的电话或集群网与公众网间互通的电话）等业务类型。

数字集群通信业务经营者必须提供调度指挥业务，也可以提供数据业务、集群网内互通的电话业务及少量的集群网与公众网间互通的电话业务。

数字集群通信业务经营者必须自己组建数字集群通信业务网络，无国内通信设施服务业务经营权的经营者不得建设国内传输网络设施，必须租用具有相应经营权运营商的传输设施组建业务网络。

2．无线寻呼业务

无线寻呼业务是指利用大区制无线寻呼系统，在无线寻呼频点上，系统中心（包括寻呼中心和基站）采用广播方式向终端单向传递信息的业务。无线寻呼业务可采用人工或自动接续方式。在漫游服务范围内，寻呼系统应能够为用户提供不受地域限制的寻呼漫游服务。

根据终端类型和系统发送内容的不同，无线寻呼用户在无线寻呼系统的服务范围内可以收到数字显示信息、汉字显示信息或声音信息。

无线寻呼业务经营者必须自己组建无线寻呼网络，无国内通信设施服务业务经营权的经营者不得建设国内传输网络设施，必须租用具有相应经营权运营商的传输设施组建业务网络。

3．第二类卫星通信业务

（1）卫星转发器出租、出售业务

卫星转发器出租、出售业务是指根据使用者的需要，在中华人民共和国境内将自有或租用的卫星转发器资源（包括一个或多个完整转发器、部分转发器带宽等）向使用者出租或出售，以供使用者在境内利用其所租赁或购买的卫星转发器资源为自己或他人、组织提供服务的业务。

卫星转发器出租、出售业务经营者可以利用其自有或租用的卫星转发器资源，在境内开展相应的出租或出售的经营活动。

（2）国内甚小口径终端地球站通信业务

国内甚小口径终端地球站（VSAT）通信业务是指利用卫星转发器，通过VSAT通信系统中心站的管理和控制，在国内实现中心站与VSAT终端用户（地球站）之间、VSAT终端用户之间的语音、数据、视频图像等传送业务。

由甚小口径天线和地球站终端设备组成的地球站称 VSAT 地球站。由卫星转发器、中心站和 VSAT 地球站组成 VSAT 系统。

国内甚小口径终端地球站通信业务经营者必须自己组建 VSAT 系统，在国内提供中心站与 VSAT 终端用户（地球站）之间、VSAT 终端用户之间的语音、数据、视频图像等传送业务。

4．第二类数据通信业务

（1）固定网国内数据传送业务

固定网国内数据传送业务是指第一类数据传送业务以外的，在固定网中以有线方式提供的国内端到端数据传送业务。主要包括基于异步转移模式（ATM）网络的 ATM 数据传送业务、基于 X.25 分组交换网的 X.25 数据传送业务、基于数字数据网（DDN）的 DDN 数据传送业务、基于帧中继网络的帧中继数据传送业务等。

固定网国内数据传送业务的业务类型包括：永久虚电路(PVC）数据传送业务、交换虚电路（SVC）数据传送业务、虚拟专用网业务等。

固定网国内数据传送业务经营者可组建上述基于不同技术的数据传送网，无国内通信设施服务业务经营权的经营者不得建设国内传输网络设施，必须租用具有相应经营权运营商的传输设施组建业务网络。

（2）无线数据传送业务

无线数据传送业务是指前述基础电信业务条目中未包括的、以无线方式提供的端到端数据传送业务，该业务可提供漫游服务，一般为区域性。

提供该类业务的系统包括蜂窝数据分组数据（CDPD）、PLANET、NExNET、Mobitex等系统。双向寻呼属无线数据传送业务的一种应用。

无线数据传送业务经营者必须自己组建无线数据传送网，无国内通信设施服务业务经营权的经营者不得建设国内传输网络设施，必须租用具有相应经营权运营商的传输设施组建业务网络。

5．网络接入业务

网络接入业务是指以有线或无线方式提供的、与网络业务节点接口（SNI）或用户网络接口（UNI）相连接的接入业务。网络接入业务在此特指无线接入业务、用户驻地网业务。

（1）无线接入业务

无线接入业务是以无线方式提供的网络接入业务，在此特指为终端用户提供面向固定网络（包括固定电话网和互联网）的无线接入方式。无线接入的网络位置为固定网业务节点接口到用户网络接口之间部分，传输媒质全部或部分采用空中传播的无线方式，用户终端不含移动性或只含有限的移动性。

无线接入业务经营者必须自己组建位于固定网业务节点接口到用户网络接口之间的无线接入网络设施，可以从事自己所建设施的网络元素的出租和出售业务。

（2）用户驻地网业务

用户驻地网业务是指以有线或无线方式，利用与公众网相连的用户驻地网（CPN）相关网络设施提供的网络接入业务。

用户驻地网是指用户网络接口到用户终端之间的相关网络设施。在此，用户驻地网特指从用户驻地业务集中点到用户终端之间的相关网络设施。用户驻地可以是一个居民小区，也可以是一栋或相邻的多栋写字楼，但不包括城域范围内的接入网。

用户驻地网业务经营者必须自己组建用户驻地网，并可以开展驻地网内网络元素的出租或出售业务。

6. 国内通信设施服务业务

国内通信设施是指用于实现国内通信业务所需的地面传输网络和网络元素。设施服务业务是指建设并出租、出售国内通信设施的业务。

国内通信设施主要包括：光缆、电缆、光纤、金属线、节点设备、线路设备、微波站、国内卫星地球站等物理资源和带宽（包括通道、电路）、波长等功能资源组成的国内通信传输设施。

国内专线电路租用服务业务属国内通信设施服务业务。

国内通信设施服务业务经营者应根据国家有关规定建设上述国内通信设施的部分或全部物理资源和功能资源，并可以开展相应的出租、出售经营活动。

7. 网络托管业务

网络托管业务是指受用户委托，代管用户自有或租用的国内的网络、网络元素或设备，包括为用户提供设备的放置，网络的管理、运行和维护等服务，以及互联互通和其他网络应用的管理和维护服务。

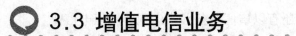3.3 增值电信业务

3.3.1 增值电信业务概述

增值电信业务是相对基础电信业务而言的。

在电信发展的早期阶段，不存在也不需要划分基础电信业务和增值电信业务，电信在相当长的时间内是电话电报的同义词。正是电信技术的发展使得电信网可提供的业务种类越来越多，从而出现了基础电信业务和增值电信业务的划分。增值业务的概念最早出现于20世纪70年代初。由于当时计算机的使用逐渐增多，数据通信技术和信息技术发展迅速，计算机行业开始向传统电信行业渗透，同时一些发达国家采取了允许和鼓励竞争的政策，一些新的电信公司相继成立，这些公司租用传统电信公司的线路，再配备必要的电子设备，组成所谓的增值网（Value Added Network，VAN）来提供新的电信业务（如传真存储转发业务等）。与传统的电话电报相比，VAN不但能提供信息的交换和传输，而且还能对信息进行加工处理（如格式变化和差错控制等），极大地提高了所租用的基础设施的使用价值，因此人们将在VAN上开放的业务视为增值网业务。这就是以增值网形式出现的增值业务，即专用系统租用公用网的传输设备，使用本部门的交换机、计算机或其他专用设备组成专用网，如租用高速通道组成的传真

存储转发网、会议电视网、专用分组交换网、虚拟专用网等。通过以上分析可知，以增值网形式出现的增值业务可以简单理解为功能拓展类增值业务，即"提供新的过路方式"。

和增值网相对应的，还有以增值业务形式出现的增值电信业务，此类业务可以定义为传统电信公司在基础电信网络设施的基础上增加必要的设备后，能对信息进行加工处理，向用户提供额外信息或重组信息，使原有基础网络的经济效益增加的附加通信业务。以业务形式出现的增值业务可以简单理解为信息服务类增值业务，即"网上开商店"。

而今伴随着通信技术的发展，增值电信业务的类型越来越多，不同国家的电信管制机构、电信运营商以及电信贸易谈判中对于增值电信业务的定义和范围界定在文字表述上略有不同，但内涵基本是一致的。

澳大利亚电信管制机构对增值电信业务的定义是："增值电信业务通常是通过应用计算机智能技术，在公用网或专用网上提供的一些业务，在某些方面增加了基础运营业务的价值，包括提供增强型网络属性的服务，如存储转发信息交换、终端接口和主机接口等。"

德国某市场研究机构对增值电信业务的定义为："广义的增值电信业务可定义为电信运营商除基础业务外提供的'创新'业务，其附加的属性使运营商采用更高的价格和吸引更多的新用户。增值电信业务最初的业务类型包括长途免费号码、呼叫等待、呼叫转移、语音邮件等，近年来增值电信业务主要转向无限数据和互联网信息服务类的业务，如短消息、统一消息、VOIP、IP视频、WAP等。"

在《关税与贸易总协定》乌拉圭回合多边贸易谈判过程中，

将电信业务分为基础电信业务和增值电信业务。基础电信业务包括所有公用和专用的实时端到端传送的、由用户提供信息的业务，如语音和数据业务中的电话呼叫、传真、电报以及电路传输等。增值电信业务是指运营商通过交换用户信息的形式和内容从而增加了用户信息的价值的业务，如语音邮件、电子邮件、电子数据交换和在线数据传输等。

综上所述，可以认为电话、公众电报、用户电报、传真和数据传输等使用公众电信网，直接为用户提供信息传送的业务，称为基础电信业务。其基本特征是，所传递的信息在到达收信人手里时不改变内容和形式。简而言之，基础电信业务就是主要以"过路费"作为收入来源的业务，传递的内容和形式由用户提供且不改变。另外，公共网络基础设施的出租业务包含在基础业务中。

利用公共网络基础设施提供的增值电信业务主要包括两大类。第一类主要是利用公共网络基础设施，配置软、硬件设备，向用户提供更便利的传递服务或多样化的传递方式。简而言之，这类增值业务主要是利用公共网络基础设施提供的电信服务，具体包括功能拓展类和功能优化类增值业务。

第二类主要是利用公共网络基础设施，配置计算机硬件、软件和其他一些技术设施，投入必要的劳务，使信息的收集、加工、处理和信息的传输、交换结合起来，从而向用户提供各种各样的信息服务。简而言之，这类增值业务主要是利用公共网络基础设施提供的信息服务，主要是指信息服务类增值业务。

由于这些业务是附加在基础电信网上进行的，起增加新服务功能和提高使用价值的作用，因而统称为增值电信业务。

3.3.2 增值电信业务的分类

从广义上看，增值电信业务有以下两大类型：

1．以增值网的方式提供的业务

这类业务是用户租用公用电信网的传输设备，并使用自备的一些设备（如本部门的交换机、计算机、传真机等）组成专用网来提供的。例如，企业集团租用高速的信道组成传真存储转发网、会议电视网、专用分组交换网、虚拟专用网等所提供的附加电信业务，便属于这种类型。

2．以增值业务的方式提供的业务

这类业务是在现有电信网基础业务之外开发的业务。例如在公用电信网上开发的数据检索、数据处理、电子信箱等业务，如传真存储转发、可视图文、电视电话、电子信箱、会议电视、电子数据互换等，都属于增值电信业务。这些业务都是利用电话网、数据通信网等公用电信网的资源，通过增加一些技术设备来提供新的业务功能，或以多媒体形式更加生动、直观、形象地展示信息内容。

按照实时性区分，增值业务有实时性质和非实时性质的。例如手机无线上网业务、在线游戏等为实时性质的，这类业务要求实时传送；也有一些非实时性质的，如电子信箱、传真存储转发等。按照面向的用户区分，增值业务可以是面向个人用户的电子信息服务，如在线数据检索、电子信箱等；也可以是面向商业、金融、财税、科技、教育等商业用户所提供的业务，还包括家庭用户。如今飞速发展的互联网便是利用现有电信网资源和用户接入手段，将分散在世界各地的计算机信息资源与现有的或潜在的信息用户连接在一起，提供各式各样信息服务。因此，从这个意义上讲，互联网是典型的国际性电信增值网。

按照用户感知，可将增值电信业务划分为三大类：

（1）功能优化类。利用公共网络基础设施，配置软、硬件设备，向用户提供更便利的传递服务，即"优化传递方式"。

（2）功能拓展类。利用公共网络基础设施，配置软、硬件设备，向用户提供的多样化的传递方式，即"提供新的传递方式"。

（3）信息服务类。利用公共网络基础设施，配置计算机硬件、软件和其他一些技术设施，并投入必要的劳务，使信息的收集、加工、处理和信息的传输、交换结合起来，向用户提供各种各样的信息服务，即"电信网上开商店"。

前两类是利用公共网络基础设施提供的电信服务，第三类是利用公共网络基础设施提供的信息服务。

如果把增值业务面向的用户、承载的网络和用户感知作为划分标准，则可以得到三维立体型增值业务分类系统，如图3-1所示。

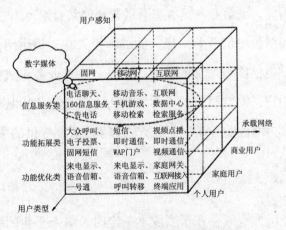

图3-1　三维立体型增值业务划分系统

3.3.3 增值电信业务的特征

电信业务作为一种服务，即无形商品，具有无形商品共同的特征：无形性、异质性，生产和消费同步性和易逝性。由于电信产品具有全程全网（跨地区提供）、互联互通（跨企业提供）、高技术含量等特质，使得增值电信业务还具有如下经济特征。

1．规模经济性

规模经济性是指在技术水平不变的条件下，扩大生产规模引起单位产品成本下降和收益增加的现象。一般而言，扩大生产规模，可以提高机器设备利用率，并使分工更合理、管理更有效率，从而降低成本，增加收益。但规模超过一定限度，反会引起成本上升和收益减少，出现规模不经济。

对于电信服务提供商而言，巨大的成本投入在于通信网络的投资，网络一旦建成，每增加一个电信用户所需要增加的成本极低。因为在一个容量还未饱和的通信系统中，多发展一个用户基本上不需要增加任何基础设施和人力投入，即需要投入的成本接近于零。因此，电信业务具有显著的规模经济性。

具体到增值电信业务，最大的成本投入在于提供增值业务之初基于基础电信网络增加的软硬件设备。一旦业务正式提供，每增加一个用户，需要投入的人力和物力也较低，相比基础投入近似为零。因为增值业务是电子的方式提供，重复提供的成本较低。

2．范围经济性

范围经济性一般存在于当成本一定时，单个企业的联合产出超过两个各自生产一种产品的企业所能达到的产量；也可以理解为当产量一定时，联合生产产品的单个厂家的成本低于两个各自生产一种产品企业的成本支出。

范围经济凭借其独有的优势，广泛存在于社会上的众多企业，当然包括电信增值领域。增值业务作为服务商品，生产和消费同时进行，企业向用户提供增值业务的过程，也是其生产多种业务的过程。增值业务作为一种整体概念，其中包括手机视频、彩铃、手机铃声等。由于产品内容是无形的，可以无限复制，于是提供增值业务的企业往往会经营很多种业务，比如归属于某增值业务企业的同一首音乐往往同时提供作为手机铃声网络下载，也会提供作为彩铃的音乐下载。范围经济性在增值业务市场表现得尤为重要，它不仅有利于增值业务企业降低成本、有效管理，同时也有利于用户在享受电信服务时的便利。

3．网络性

1）全程全网

基础电信业务的网络性具体表现为全程全网、联合作业以及不同网络间的互联互通。

全程全网指的是：当用户在一个时刻进行某种通信业务的呼叫（如电话、数据、视讯、多媒体等）以后，业务信息在整个传递的过程中经过交换设备、传输设备、传输介质，真正到达被叫端的各种用户终端设备所涉及的有关路由、接口、协议等内容。整个通信业务的进行期间往往需要多个不同的企业共同参与才能实现。全程全网使得不同的用户可以在一张网内实现通信的功能。要在不同网络内的用户间实现通信，必须依赖不同网络的网间互联。

增值业务同样具有网络性的特点，只是不同类型的增值业务的表象和基础电信业务有所区别，特别是信息服务类增值业务。例如，如果一个增值业务运营企业仅在北京建立了自己的网站提供图片下载服务，但是全国的用户都是该公司的潜在目标用户群，而不仅是北京的用户。

2）网络经济的三大定律

网络经济在许多方面不同于传统经济，这些不同源于网络经济的特殊规律，这些规律能够解释新经济中的许多现象，对于深入了解增值业务大有裨益。下面简要介绍网络经济的三大定律：

（1）摩尔定律。摩尔定律是以英特尔公司创始人之一戈登·摩尔命名的。1965年，摩尔预测单片硅芯片的运算处理能力每18个月会翻一番，价格则减半。实践证明，四十多年来，这一预测一直比较准确，预计在未来仍将有较长的适用期。

（2）梅特卡夫法则。梅特卡夫法则认为，网络经济的价值等于网络节点数的平方。这说明网络产生和带来的效益将随着网络用户的增加呈指数形式增长。梅特卡夫法则是基于每一个新网的用户都因为别人的联网而获得了更多的信息交流机会。

（3）达维多定律。达维多定律认为进入市场的第一代产品能够自动获得50%的市场份额。达维多定律即网络经济中的马太效应，就是说在信息活动中由于人们的心理反应和行为惯性，在一定的条件下，优势和劣势一旦出现就会不断加剧自行强化，出现滚动的累积效应，造成优劣强烈的反差。某个时间内往往会出现强者越强、弱者越弱的局面，而且由于名牌效应，还可能发生强者通赢、胜者通吃的现象。而今这个现象在增值业务领域已经比较明显了，20%的企业占据了80%的增值业务市场收入。

4．外部经济性

外部性包括外部经济性（产生正效应的外部性）和外部不经济性（产生负效应的外部性）。当一方的行动使另一方受益时，就发生了外部经济性；反之，当一方的行为使另一方付出代价时，就发生了外部不经济性。

增值电信业务中的功能拓展类以及信息服务类具有较强的外部性。例如，如果信息服务类增值业务中提供了淫秽信息，则会危害大众尤其是青少年的心理健康，因此对于增值电信业务需要政府和企业严格的监管。

3.4 电信业务市场经营策略

3.4.1 电信业务和电信市场发展预测

电信技术和计算机技术的高速发展、电信管理体制由垄断经营向政府管制下的开放市场竞争转变、电信业务市场竞争日趋全球化，促成了电信新业务不断涌现，以满足用户新的需求。由于技术进步的拉动、市场机制的激励、用户需求的推动和政府管制政策的放松等诸多因素的联合作用，使电信业务及业务市场发生了深刻的变化，呈现出以下发展趋势。

1. 信息和通信技术进步推动了电信新业务的出现和应用

当前，以信息技术和信息资源为主要依托的信息经济已成为社会经济活动的主体，世界正在经历一场巨变与动荡的信息革命，极大地刺激着社会各方面的信息需求，使信息产业成为经济领域最具活力的产业之一。微电子技术作为现代信息产业的硬件基础，其发展极大地提高了信息处理和信息存储的速度，逻辑电路芯片集成速度和存储器容量每 10 年增长 32 倍，能够实时地动态分配带宽和对话音、数据和图像综合处理的 ATM 技术实现了信息高速交换等。硬件技术的进步使电信业务速度更快、容量更大、手段更加灵活；软件技术则使电信企业在原有硬件设施基础上，能够以灵活的方式有针对性地提供具有不同功能、丰富多样的新业务。

2. 开放市场、引入竞争的进度明显加快，电信业务市场竞争更加激烈

进入 20 世纪 90 年代以来，世界各国加快了电信体制改革和市场开放的步伐。为推动电信体制的变革，各国普遍引入竞争机制，电信市场日益开放，许多电信运营者实现了股份化和民营化改制。竞争成为各国普遍采用的刺激电信业发展的机制，管制政策的变化为行业融合打开了大门，为新老运营者提供了机遇，传统电信也正在发生结构性重组。

1997 年 2 月 15 日达成的世贸组织基础电信协议中，各成员国都作出了开放市场、引入竞争、允许外资介入的承诺，进一步推动了各国市场开放进程。1998 年以来，在世界贸易组织基础协议书上签字的国家已开始逐渐向有竞争力的公司以及外国投资者

开放市场。在1998年4月1日结束的马耳他世界电信发展大会上，连贫穷的非洲国家都表示支持开放市场，引入竞争。

电信业的大规模发展造成了竞争加剧，令运营商利润下降。从2002年开始，电信业的整合已经开始，时任爱立信中国公司市场营销及战略业务高级副总裁谭秉年认为将来每个区域性市场只能容纳下3～4个运营商，世界前20个运营商将拥有全球电信业市场80%的收益。今后，运营商不光要考虑业务量的增长，更要把注意力放在利润率和资产回报率上。

3. 电信业务市场走向全球化，国际通信市场争夺激烈

世界经济的全球化，带动了电信的全球化。国际电联在《1999—2003年战略规划草案》中提出：全球化将会成为现实，电信在管制、技术、业务、资本等方面都将会向全球一体化方向发展。

电信业务市场全球化的趋势主要表现在以下方面：

（1）国际通信业务量持续增长。国际电话通话时间从1975年的不到40亿分钟上升到1995年的600多亿分钟，平均每年增长15%。2009年，全球国际长途电话通话时长为4060亿分钟，成为电信业务的重要增长点。

（2）电信运营商跨越国界进入别国经营电信业务。仅中国而言，中国电信、中国网通在美国等国家就设置了国际公司，从事国际通信业务的经营。

（3）电信运营商间的国际合作趋于广泛。为了满足用户跨国通信的需要，不同国家的电信运营商签订了各种业务协议，提供呼叫卡与移动通信国际漫游等服务。

（4）许多电信运营公司结成战略联盟，共同提供全球性电信业务。如美国 AT&T、日本 KDD、新加坡电信和欧洲的 Unisource、澳大利亚的 Telstra 等组成的 World Partners，德国电信、法国电信和美国 Sprint 组成的 Global One 等，以跨国公司为主要服务对象，提供全球虚拟专用网、帧中继、ATM、Intranet 等全球一体的无缝业务。

（5）电信市场的开放与融合趋势极大促进了跨国购并和结盟，不同业务经营者联合起来，相互优势互补，占领市场，扩大在全球市场上的份额。1996年前，全球电信业就出现了World Partners、Global One和Concert的三大联合；1998年6月，AT&T与英国电信宣布成立一个价值100亿美元的跨国合资公司；1999年，AT&T和英国电信合资公司向日本电信进行战略投资，收购该公司30%的股权；2000年，英国沃达丰—空中通信公司以2000亿美元并购了德国最大的无线通信公司曼内斯曼公司。

4．互联网向传统电信业务发起重大挑战

互联网的规模和业务量自 1995 年以来发展异常迅速，甚至达到了每 4～6 个月翻一番的地步。截至 2010 年底，全球互联网用户人数达到 20.8 亿。

根据中国互联网络信息中心统计报告，截至 2010 年 12 月 31 日，我国上网用户数达到了 4.57 亿人，其中手机上网人数增长迅猛，已经达到 3.03 亿人，占网民总数的 66.2%，农村网民规模达到 1.25 亿，占网民总数的 27.3%。中国网民首选的互联网应用发生了转移，调查结果显示，占前 7 位的网络应用及使用率分别是搜索引擎（81.9%）、网络音乐（79.2%）、网络新闻（77.2%）、即

时通信（77.1%）、网络游戏（66.5%）、博客应用（64.4%）、网络视频（62.1%）。互联网已经成为中国影响最广、增长最快、市场潜力最大的产业之一，正在以超出人们想象的深度和广度迅速地发展。

几年后，全球的互联网业务将超过话音业务，互联网上的话音业务也将大幅度增加。互联网在自身迅速发展的同时，将逐渐向传统电信业务渗透。由于技术和政策的原因，互联网相对于传统电信业务有着极强的价格优势，目前话音业务正在从传统公用电话网向互联网上转移，特别是国际电话业务。因此，互联网的出现正在使以电话网络为基础的话音传输模式发生动摇，以前是在话音传输的基础上附带数据传输，而现在及将来则是在数据传输基础上附带话音传输。

5. 增长点由以电话为代表的通信服务向以数据为代表的信息服务转移

20世纪90年代以来，信息革命浪潮的推动，特别是互联网商用化后的迅猛发展使传统的电信业受到巨大的冲击，信息技术、信息网络和信息服务已经成为当今世界的热门话题。互联网业务、ISDN业务、数据业务与IP业务成为新增长点。

1876年电话发明以来，电信网的主要业务一直是电话业务，电信网和电话网几乎是同义语。随着计算机的普及和广泛应用，特别是互联网的飞速发展，数据业务呈现指数级增长态势，平均年增长率高达25%～40%，远远超过全球电话业务平均年增长的水平（5%～10%）。始终占据绝对主导地位的固定语音呼叫业务最终将让位给数据业务，以前电信网是在话音传输的基础上附带传输数据，将来的电信网则最终会变成在数据传输的基础上附带传输话音。

从世界范围看，包括中国电信网在内的世界主要网络的数据业务量都将先后超过电话业务量，电信网的业务将主要由数据而非电话构成，网络的业务构成将发生根本性的变化。

6. 信息形态由单一媒体向多媒体转移

多媒体是指将声音、文字、图像和数据等多种媒体同步集成在一起的信息表示媒体，在提供服务时还要赋予完备的交互性，即构成具有集成性、同步性和交互性三大特征的多种媒体通信系统。

多媒体通信系统的集成性，指的是能对内容数据信息、多媒体和超媒体信息、脚本信息以及特定的应用信息等四类信息进行存储、传输、处理和显现的能力；交互性指的是在通信系统中人与系统之间的相互控制能力。在多媒体通信系统中，交互性有两个方面的内容：一是人机接口，也就是在使用系统的终端时，用户终端向用户提供的操作界面；二是用户终端与系统之间的应用层通信协议。

同步性指的是在多媒体通信终端上显现的图像、声音和文字均以同步方式工作。如用户要检索一个重要的历史事件的片断，该事件的活动图像或静止图像存放在图像数据库中，其文字叙述和语言说明则是放在其他数据库中。多媒体通信终端通过不同传输途径将所需要的信息从不同的数据库中提取出来，并将这些图像、声音、文字同步起来，构成一个整体的信息呈现在用户面前。

随着多媒体通信技术的发展，将充分发挥人类的智能，远程教育、远程医疗、家庭购物、视频点播和会议电视等多种集聚声、像、图、文并茂的多媒体服务将广泛应用于生产、管理、教育、科研、医疗和娱乐等领域，成为电信又一个新的业务增长点。

7．服务方式由受网络能力制约的非个性化服务向网络智能的个性化服务转移

市场竞争的加剧和知识经济的创新特点催生了用户的个性化需求。在当今知识经济和信息经济时代，企业要生存和发展就必须不断创造差异、满足个性。电信的个性化服务不仅仅是指实现全球无缝覆盖，提供全天候的服务，使用户在任何时间、任何地点能与地球上的任何人用任何他(她)所希望的方式进行通信，通过个人号码给用户提供最大可能的移动性；而且还包括具有友好用户界面的交互性，使用户能够更多地参与网络控制，按照个人的需要和意愿以及支付的能力来选择带宽、服务项目、服务质量和资费标准。通信企业能开发出多种智能业务，移动电话系统能实现全球无缝移动覆盖，第三代系统能面向IP提供高达2 Mb/s的数据通道，可支持多媒体通信，用户可选择适合自己的网络、业务种类和资费套餐服务，甚至可以定制需求，实现个性化通信。

8．三网融合——电信网的技术新走向

所谓"三网融合"，是指电信网、计算机网和有线视网三大网络通过技术改造，能够提供包括语音、数据、图像等综合多媒体的通信业务，主要是指高层业务应用和终端的融合，表现为技术上趋向一致，使用统一的通信协议，网络层上可以实现互联互

通，业务层上互相渗透和交叉。目前，三类业务和三个市场正在相互渗透，相互融合，信息产业正在进行结构性重组，以三大业务来分割市场和行业的时代即将结束。

三网实际上代表了信息产业中的三个不同行业，即电信业、计算机业和有线电视业的基础设施。历史上，电信、计算机和有线电视这三个行业各有各的业务范围，各用各的技术，各建各的网络，各列各的行规。促使"三网融合"的动力来自于技术、市场和政策宽松化三个方面。近几年来，在数字技术、光通信技术、软件技术、接入技术和 TCP / IP 协议等主要领域都取得了重大的技术进展，尽管各种网络仍有自己的特点，但它们的技术特征正逐步趋向一致，特别是基于 IP 协议技术的分组型宽带传输网发展为"三网融合"铺平了道路。随着互联网和移动通信业务的迅速增长，人们的生活方式、工作方式和消费观念发生了很大的变化，越来越多的用户要求开放综合化、多样化、个性化的服务与应用。电信、计算机和有线电视这三大行业都在寻找新的市场空间，互联网不断向传统电信业务渗透，有线电视业想通过同轴电缆、光缆提供电话和互联网接入，电信公司则想开展信息服务和诸如视频点播之类的娱乐性电视节目，这样势必走向互相渗透、互相交叉的融合之路。2010 年 6 月底，我国三网融合的 12 个试点城市名单和试点方案正式公布，三网融合在我国进入实质性推进阶段。

9. 网络和业务分别经营成为主流

在垄断经营体制下，电信企业既是网络资源的拥有者，又是负责运行、维护、管理的经营者，还是业务提供者，直接向用户提供电信服务。随着网络基础设施市场的开放，不拥有网络资源的新的业务提供者出现在电信业的舞台上，业务开始独立于网络，打破了网络和业务经营合一的传统捆绑式模式。

传统电信业以话音为主的捆绑式经营正向以数据为主和非捆绑式经营方向发展，出现了各种新型的电信公司：有专门建设传输线路，然后出租或出售给网络运营商的公司；也有自己不拥有网络资源，向网络运营商租用网络资源，专门提供某些业务的业务提供商，如大多数ISP就是向网络运营商租用网络资源，自己负责向用户提供互联接入、WWW、E-mail和FTP等互联网基本服务；还有专门向网站提供信息内容的互联网内容提供商（ICP）。各类公司各司其职，在竞争和协作中共同向用户提供优质高效的服务，并且独立的ISP和ICP在电信业务量中的比重正在不断扩大。

10．电信业务的综合化和宽带化实现充分的商用性，满足社会新的需求

电信业务综合化要求一个网络能同时承载多种电信业务，不再按业务独立组网，或者说用户可从同一接口接入不同电信业务。

传统电信网是按业务独立组网，用户通过不同接口分别接入，原因是不同的业务信息对网络的传输、交换、处理的要求有很大差异。现代网络的数字化、宽带化，特别是IP化使不同业务的信息流都统一成为由"0"和"1"构成的比特流，组装成统一的IP包。网络有足够的带宽，有统一的TCP／IP通信协议，可以同时承载要求大不相同的各种业务信息流。任何信息都可以在宽带的IP网上传送，按不同业务独立组网的思想已经过时；并且基

于微处理器或PC的多功能智能终端可以处理各种电信业务，综合化的技术障碍已基本克服，如ISDN业务、ADSL业务、电视电话、会议电视、视频点播等综合化业务已逐步进入日常生活投入实际使用。

11．移动通信成为电信发展的热点，电子商务成为新的业务点

据统计显示，最近几年全球新增电话用户中，50%以上是移动电话用户。在发达国家这一比例更高，新增移动电话用户数已超过新增固定电话用户数。

到2003年10月，我国移动电话用户规模超过固定电话用户数，成为世界上移动电话用户超过固定电话用户的国家之一，中国电信业又竖起了一个新的里程碑。截至2011年4月底，中国移动电话用户达90038.9万户，3G用户达6757.2万户。

随着移动电话技术进入第三代宽带CDMA制式，基于移动电话的电信业务也紧跟电信业务数据化和IP化的总趋势，由单纯的话音通信向移动数据通信、移动互联网接入、移动电子商务等领域发展。移动电话的各项业务将与固定电话业务、互联网业务平分秋色，形成三分天下的局面。

另外，在知识经济和信息经济时代，企业单靠传统手段从事生产经营已经远远不够了。各个企业为了降低生产成本和生产周期，提高生产效率和经济效益，热衷于借助互联网，运用电子商务手段改善经营、开拓市场、提高企业竞争力。所谓电子商务，就是指通信技术、计算机技术和网络技术在商务领域的应用，是在互联网上用网络方式进行的全新模式的商务活动，它包括为政

府部门、企事业单位和个人提供各种在线服务；也就是通过计算机和网络来完成商品或者产品的交易、结算等一系列商务活动及实现行政管理作业的一整套过程。

各国政府对电子商务的巨大发展潜力都给予了高度重视，尤其是一些发达国家已经将其视为推行全球经济一体化和主导世界经济的重要战略措施。各国电信公司都在积极抓住发展机遇，努力拓展电子商务市场，加快电子商务建设，形成未来的电信业务增长点。

3.4.2 未来电信业务的特点

根据以上电信业的发展趋势变化加以概括，未来的电信业务具有以下特点：

（1）多媒体化。多媒体化就是向用户广泛提供声、像、图、文并茂的交互式通信与信息服务。这里强调的多媒体，是指将声音、文字、图像和数据等多种媒体同步集成在一起的信息表示媒体，在提供服务时还要赋予完备的交互性，即构成具有集成性、同步性和交互性三大特征的多种媒体通信系统或多媒体信息服务系统。

（2）普及化。普及化就是把各种服务以合理的价格提供给广大人民群众，使不管住在城市还是住在偏僻农村的各种不同阶层的人都能用得上、用得起。其概念要超出我们常说的普遍服务，不仅要达到家家有电话的目标，而且还有把更多、更高级的网上服务提供给各家各户，确保信息资源能以合理的价格向全体人民提供。

（3）多样化。多样化就是在网络服务平台上开发能适应社会各界的、各式各样的、内容丰富的大量应用。互联网的服务方式已向我们预示，21世纪人类将在网上开创新的工作方式、管理方式、商贸方式、金融方式、思想交流方式、文化教育方式、医疗保健方式以及消费与生活方式；而技术的发展显示，网络的智能将从网络的核心移向边缘，在边缘形成一个智能层或服务层，通过各种边缘服务器向用户提供新的增值宽带业务和各种各样的应用。

（4）全球化。全球化就是提高国际业务量，扩大国际合作，走出国门参与国际市场竞争，具备提供全球性业务的能力，适应将来的多边贸易体制。

（5）个性化。个性化就是按个人意愿有针对性地向用户提供"随时随地随意"的服务。一项服务要具有长久的生命力，必须以个性化为特色。电信的个性化服务包含多种含义和内容，主要有三个部分：个人通用号码（即每个用户有自己唯一、固定的号码，用户可以通过这一号码将信息转到该用户实现通信）、个人业务（即每个人可以按照自己的需要和习惯确定自己的业务并使用这些业务）和个人移动性（即每个人可以在任何时间和地点使用通信设备进行通信）。

（6）综合化。综合化就是一个网络能同时承载多种电信业务，不再按业务独立组网，或者说用户可从同一接口接入不同电信业务。该网将声音、图像、数据融为一体，具有交互式全动态功能的多媒体业务，提供诸如电视购物、远程教育、远程医疗、家庭办公、视频点播等服务项目。

（7）宽带化。宽带化就是以ATM为核心，以大容量光纤为主要传输手段，能实现端到端的宽带高速传输。光纤中波长数及每一波长携带的信息量的增加，使光传输容量和速率大为提高，传输成本迅速下降，点对点的光传输系统正在向骨干网或城域网层次的全关网发展。目前，320 Gb/s系统已投入商用，1 Tb/s的系统已试验成功，可以同步传输50万部电影；各种宽带接入技术已迅速发展，最终将形成能够承载各类信息的综合接入系统。

（8）智能化。智能化就是通信网络除了具备一些基本的通信联络功能以外，还要具有智能水平，即网络不仅具有对信息进行传递和交换的能力，而且还具有储存和处理的能力。电信企业提供的智能化业务在理论上是无限的，包括话音业务和非话音业务，但实际上真正能实际开放的业务有赖于用户的需求以及相应潜在效益的好坏，更有赖于信息系统、网络节点与相应软件投入实际使用的进程。国际电联定义了25种智能化业务，我国目前已经可以向用户提供其中的一部分业务，如200、300电话卡业务、600虚拟专用网业务、800被叫集中付费业务等。

3.4.3 电信业务经营战略

下面简要介绍我国一些电信业务的经营战略：

（1）进一步规范市场。我国电信业务市场是在法制尚不健全的情况下形成的，是在竞争环境的非规范和竞争时机的超常规条件下放开的，这就使得依法管理电信业务市场存在较大的难度。虽然通过治理整顿和依法管理，电信业务市场秩序有了很大的改观，已经开始朝着健康有序的方向发展，但是在电信业务市场中还仍然存在很多不规范的地方，因而要进一步规范市场。

（2）大力发展网上的数据业务。从全世界范围看，包括中国电信网在内的世界主要网络的数据业务量都将先后超过电话业务量。最终，电信网的主要业务将是数据而非电话。

（3）大力发展移动通信业务与网络业务。未来几年移动业务从需求结构发展来看，城市移动电话用户从面向高收入消费者逐步过渡到普通消费者；农村移动电话用户从企业、政府机构转向农村富裕家庭；移动电话需求业务将逐渐向简单消息业务、数据交换业务、中高速多媒体业务、高速交互式多媒体业务渐次转移。未来几年，我国移动通信网发展重点在第三代移动通信系统。

（4）多媒体业务市场与 IP 网特大规模发展。未来几年多媒体通信、电子商务等新业务将在我国得到大力发展。从需求结构来分析，多媒体业务市场发展需求内容已从窄带业务向宽带业务转移，从分类点播式业务向高速互动业务转移，用户从大中城市向小城镇扩散。

（5）继续发展本地电话业务。从需求结构发展分析，住宅电话仍是本地电话最大的用户群体，单位电话、公用电话可能会加快发展；农村电话用户将逐渐成为本地电话市场的主角；中、西部地区本地电话用户发展加快，地区差距将逐步缩小；城市电话发展的重点将向中小城市和县城转移。

（6）转变观念、改善服务、加强宣传、大力培育和开拓新业务市场。从经济学的观点来说，有需求就有市场，但这个市场也是需要培育和开发的。首先，要转变经营思想，树立用户意识、服务意识、市场意识、竞争意识，利用各种形式进行大力宣传，特别是向大用户进行宣传，使用户了解新业务，从而才能更多更好地使用新业务；其次，要改善服务，为用户提供优质、高效、方便的新业务服务；再次，要健全内外监督机制，树立良好的企业形象，赢得用户的信任。

（7）进一步巩固传统业务和用户市场。面对日益激烈的市场竞争，要做好新业务的开发、新用户的吸纳。当客户成为企业的用户之后，企业又要根据市场的需求不断地调整营销战略，抓好用户服务工作，进一步巩固传统业务和用户市场，在稳中求进。稳固市场的方法有很多，如适应用户的要求、改进用户缴费方式、改进电话计费方式，真正为大用户建立畅通无阻的"绿色通道"；开通电信用户呼叫中心；在无需用户更换端的情况下增加新功能；建立用户回访制；适时适当地推出诸如"长话超市"、"市话超市"等优惠办法，等等。

（8）认真研究资费政策。资费在新业务的发展中起着重要的作用。由于新业务的不断涌现，以信息服务为基础的竞争型业务也层出不穷，同时因为电信的性质属于公共服务业，所以利润要适当，既要考虑自身的效益，也要考虑社会效益。因此，应在制定资费的问题上花大力气。在新业务投入使用时，资费原则上要偏低些，以吸引用户使用。对电信业务量大的用户，还可以给予一定的优惠。

3.4.4 电信业务市场营销

电信业务的市场营销应从以下方面入手：

（1）电信业务市场由局部竞争向全面开放式竞争转移。

（2）由以话音为主的通信服务向以数据为主的信息服务转移。

（3）由单一媒体信息服务形态向多媒体服务转移。

（4）基本业务（话音）的发展重点从东部沿海地区向中西部地区转移，从城市向农村地区转移。

（5）业务提供终端从固定式向便携、移动式转移，以 CPU 为核心的智能终端将最终取代传统的电路终端。

（6）向最终用户提供的服务价格从低速高价向高速低价转移。

（7）服务方式由受网络制约的非个性化服务向基于网络的由计算机智能平台提供的个性化服务转移。

（8）业务网由综合方式向多样性分离方式转移，物理网由切块使用向业务接入、传输共享方式转移。

（9）大幅度调整现有电话和专线资费，鼓励用户上网，特别是吸引信息内容提供者（ICP）上网，迅速繁荣网上信息市场，营造商业化的数据业务发展氛围。

（10）通过增加网关、接入服务器和路由器等方式，改进和提高现有电话网的 IP 业务接入能力；放开数据网传输带宽的管制，促进 IP 电话的推广和应用。

（11）随着国民经济信息化的推进，今后电信市场竞争的焦点是城市，尤其是经济发达的大中城市，争取用户的重点是企事业单位用户，尤其是大业务量用户。为适应竞争的形势，今后通信网的建设及新技术新业务的开发必须考虑城市，首先满足企事业单位的需求，重点服务于集团大用户，并采取优惠政策发展重点用户。

3.4.5 电信业务客户服务

对于电信企业来说，用户已不仅仅是销售和服务的对象，而是商战中拥有的财产，是竞争中取胜的关键因素之一，而良好的业务客户服务则是吸引用户和保持用户的根本。为实现良好的客户服务，电信企业应该做到以下几点：

1. 设立大用户机构

由于大用户的特殊地位，各电信公司通常对大用户采取不同于一般用户的经营服务方式。

（1）与大用户建立合作伙伴关系。增进与大用户的相互了解，如不定期邀请大户到公司参观、座谈，让大用户了解公司的管理机制和能力，并听取他们的意见；经常走访大用户；为大用户提供培训；从不同层次上接触大用户，以提供有针对性的服务。包括三个方面：一是接触决策层，把握其对电信业务需求的大方向；二是接触高级经理层，发现问题，帮助提出对策；三是接触基础管理人员，以便找到为大用户服务的具体实施计划。

（2）建立行业服务经理制。银行、保险、贸易等都是电信运营公司的大用户，对于这些行业，电信公司都设有专门的服务经理，久而久之这些经理就成了"行业专家"，能客观地为用户提供最合适的服务项目和最优惠的政策。

（3）实行特殊的资费政策。

（4）建立友好的服务界面。首先是完善大用户商业网络，其次还设立了专为大用户服务的技术支撑机构，确保大用户所需的复杂的业务设计。

2．推出新的服务举措

（1）捆绑式服务。面对激烈的市场竞争，为吸引用户和维持用户，国外电信运营公司纷纷推出捆绑式服务，业务范围涉及固定电话、移动电话、互联网接入、CATV等。捆绑式服务具有下列几个特点：将多种业务集中在一张账单上；从一个渠道就可获得业务提供和客户服务；在可能的情况下统一为一个号码；总的价格比单独使用每项业务的价值之和要便宜。

（2）客户支持。客户支持的内容主要包括用户集成，提供业务过程中的运营、维护，在充分理解用户需求的基础上完成技术、设备上的升级。客户支持直接面向客户，在电信公司的运营工作中处于承上启下的位置。客户支持不同于以往的售后服务，售后服务仅仅是业务推出后为用户解决使用中出现的问题、排除故障等；而客户支持从用户集成开始，但最终目的是在支持工作中了解用户需求，研究市场，为制订市场经营发展策略、提高效益和创造利润提供依据，最终与用户共同发展。

（3）托管服务。长期以来，一些企业或机构为满足自己特定的需要，建立了专用通信网。但是随着环境的变化，企业的需要也在发生变化，企业网络逐渐从局域网发展到跨国跨洲网，从而带来了一系列技术经济问题。因此，需要有一种由第三方为其运营网络的服务，这就是托管服务，而电信运营公司无疑是最理想的业务提供者。托管服务是指将企业信息技术方面的任务或功能承包给外部经营者，包括系统分析、设计和建设、系统集成、设备管理以及远地计算机操作等，还包括网络管理、系统维护和故障修复。托管业务的提供者需要将这些业务组合在一个平台上。

（4）服务外围。在电信业刚引入竞争时，电信公司采用的竞争方式是传统的价格战。随着竞争的日益激烈，越来越多的电信公司把竞争的重点放在服务外围和对服务外围的管理上。服务外围的概念是基于用户同业务提供者接触的方式以及用户对接触的体验而言的。用户对一个电信企业的服务的体验来自以下三个层次：

① 产品层：大多数用户同产品层的接触是自动发生的，用户对这个层次的服务体验取决于整个过程中电信产品的性能，如通话保密性、接续速度等，这是由电信网的网络管理、技术装备水平、电信终端本身的质量等因素决定的；

② 产品服务层：用户对产品服务层的质量感觉是基础，单个电信产品与这个产品有关的服务，如一项业务能否在规定的时间内提供、对该业务的计费是否易于理解并且交纳方便等；

③ 服务外围层：用户对服务外围层的质量体验应是上述两项之和，外加企业形象、品牌形象等。实际上，服务外围是用户对一个企业的服务质量水平的印象的综合体现。

第4章
电信网与电信技术

⚪ 4.1 电信网基础

1. 电信网的定义和分类

电信网是为公众提供信息服务，完成信息传递和交换的通信网络。电信网所提供的信息服务也就是通常所说的电信业务。

电信网由硬件和软件组成，其中硬件部分的结构和布局称为网络的拓扑结构，而软件部分决定着网络的体系结构。随着通信高新技术的不断涌现，电信网得到了快速发展，电信业务日益丰富。

电信网的组成元素包括：终端设备、传输网络、交换节点和网络技术。

电信网按不同的分类体系可以划分如下：

（1）按电信业务的种类分，包括电信网、电报网、用户电报网、数据通信网、传真通信网、图像通信网、有线电视网等。

（2）按服务区域范围分，包括本地电信网、农村电信网、长途电信网、移动通信网、国际电信网等。

（3）按传输媒介种类分，包括架空明线网、电缆通信网、光缆通信网、卫星通信网、用户光纤网、低轨道卫星移动通信网等。

（4）按交换方式分，包括电路交换网、报文交换网、分组交换网、宽带交换网等。

（5）按结构形式分，包括网状网、星形网、环形网、栅格网、总线网等。

（6）按信息信号形式分，包括模拟通信网、数字通信网、数字模拟混合网等。

（7）按信息传递方式分，包括同步转移模式（STM）的综合业务数字网（ISDN）和异地转移模式（ATM）的宽带综合业务数字网（B-ISDN）等。

2. 中国电信网的分类

目前，中国电信网的分类基本上遵循了 ITU-T 的标准，分为业务网和支撑网两大类，有以下两大类共十四网，如表 4-1 所示。

表4-1　中国电信网的分类

业务网	支撑网
公用电话交换网（PSTN）	
公用交换分组数据网（PSTDN）	七号公共信道信令网（NO.7 CCS）
公用陆地移动通信网（PLMN）	数字同步网（DSN）
窄带综合业务数字网（N-ISDN）	电信管理网（TMN）
宽带综合业务数字网（B-ISDN）	
智能网（IN）	

续表

业务网	支撑网
接入网（AN）	
多媒体通信网（MTN）	七号公共信道信令网（NO.7 CCS）
计算机互连网（CCN）	数字同步网（DSN）
数字数据网（DDN）	电信管理网（TMN）
同步数字系统传送网（SDH）	

4.2 电信网的结构

1. 电信网的构成要素

电信网由节点和链路组成，如图 4-1 所示。

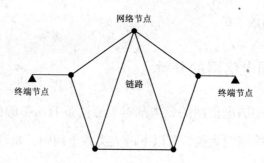

图 4-1　电信网结构示意图

　　由图4-1可知，电信网中的节点包括网络节点和终端节点。其中，网络节点大多是指交换中心，主要由交换设备、集中设备和交叉连接设备等组成；终端节点是指各种用户终端设备，如电话机、传真机、终端计算机等。

　　电信网中的链路是由电缆、光纤、微波或卫星等组成的传输线路，用于连接节点，完成节点间的信息传送。

除了以上组成电信网的硬件外，为了保证网络能正常运行，必须制定相应的软件规定（如协议、标限等）。总之，电信网的基本功能就是为通信的双方（或多方）提供信息传递的路径，使处于不同地理位置的终端用户可以互相通信。

2. 电信网的拓扑结构

电信网的拓扑结构有多种形式，常用的有网型、星型、复合型、树型、线型、环型和总线型等，如图 4-2 所示。

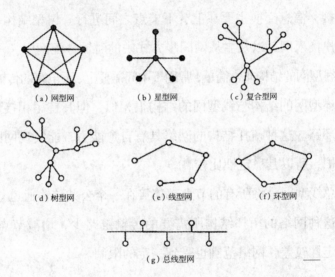

图 4-2　电信网的拓扑结构

网型网内任意两个节点间均有链路连接，如果网内有 N 个节点，就需要 $N*(N-1)/2$ 条传输链路。当节点数增加时，传输链路数会迅速增加，网路结构的冗余度较大，稳定性较好，但线路利用率不高，经济性较差。

星型网又称为辐射网，其中的一个节点作为辐射点，该节点与其他节点均有线路相连。对于网内有 N 个节点的星型网，将有

$N-1$ 条传输链路。与网型网相比，星型网的传输链路少，线路利用率高，但其稳定性较差。因为中心节点是全网可靠性的瓶颈，中心节点一旦出现故障会造成全网瘫痪。

复合型网由网型网和星型网复合而成。根据电信网业务量的需要，以星型网为基础，在业务量较大的转换交换中心区间采用网型结构，可以使整个网络比较经济，且稳定性较好。复合型网兼具网型网和星型网的优点，是电信网中常用的网络拓扑结构。

树型网可以看成是星型网拓扑结构的扩展，其节点按层次进行连接，信息交换主要在上、下节点之间进行。树型结构主要用于用户接入网，以及主从网同步方式中的时钟分配网中。

线型网的结构非常简单，常用于中间需要上、下电路的传输网中。

环型网的结构与线型网的结构很相似，但其首尾相接形成闭合的环路。这种拓扑结构的网络具有自愈能力，能实现网路的自动保护，所以其稳定性比较高。

总线型网是将所有的节点都连接在一个公共传输通道（总线）上。这种网络的拓扑结构所需要的传输链路少，增减节点方便，但稳定性较差，网络范围也受到一定的限制。

4.3 公用交换电话网

4.3.1 概述

1. 基本概念

公用交换电话网（PSTN）是以电路交换为信息交换方式，以电话业务为主要业务的电信网，同时也提供传真等部分简单的数据业务。

组建一个公用交换电话网需要满足以下基本要求：

（1）保证网内任一用户都能呼叫其他所有用户，包括国内和国外用户，对于所有用户的呼叫方式应该是相同的，而且能够获得相同的服务质量。

（2）保证满意的服务质量，如时延、时延抖动、清晰度等。话音通信对于服务质量有着特殊的要求，这主要取决于人的听觉习惯。

（3）能适应通信技术与通信业务的不断发展，能迅速地引入新业务，而不需对原有的网络和设备进行大规模的改造；能在不影响网络正常运营的前提下利用新技术，对原有设备进行升级改造。

（4）便于管理和维护。由于电话通信网中的设备数量众多、类型复杂，而且在地理上分布于很广的区域内，因此要求提供可靠、方便而且经济的管理与维护方法，甚至建设与电话网平行的网管网。

2．组成

一个PSTN网由以下几个部分组成：

（1）传输系统：以有线（电缆、光纤）为主，有线和无线（卫星、地面和无线电）交错使用，传输系统由PDH过渡到SDH、DWDM。

（2）交换系统：设于电话局内的交换设备——交换机，已逐步程控化、数字化，由计算机控制接续过程。

（3）用户系统：包括电话机、传真机等终端以及用于连接它们与交换机之间的一对导线（称为用户环路），用户终端已逐步数字化、多媒体化和智能化，用户环路数字化、宽带化。

（4）信令系统：为实现用户间通信，在交换局间提供以呼叫建立、释放为主的各种控制信号。

PSTN 网的传输系统将各地的交换系统连接起来，然后用户终端通过本地交换机进入网络，构成电话网。

3．分类

按所覆盖的地理范围，PSTN 可以分为本地电话网、国内长途电话网和国际长途电话网。

（1）本地电话网：包括大、中、小城市和县一级的电话网络，处于统一的长途编号区范围内，一般与相应的行政区划相一致。

（2）国内长途电话网：提供城际或省际的电话业务，一般与本地电话网在固定的几个交换中心完成汇接。我国的长途电话网中的交换节点又可以分为省级交换中心和地（市）级交换中心两个等级，它们分别完成不同等级的汇接转换。

（3）国际长途电话网：提供国际电话业务，一般每个国家设置几个固定的国际长途交换中心。

4．特征

PSTN 网是一个用于话音通信的网络，采用电路交换与同步时分复用技术进行话音传输。PSTN 的本地环路级是模拟和数字混合的，主干级是全数字的，传输介质以有线为主。

4.3.2 PSTN网络结构

1．PSTN的网络结构分类

PSTN网络结构主要包括两类：平面结构和分级结构。

平面结构，包括以下几种网络类型：

（1）星型网络：在星型网络中可以把中心节点作为交换局，而把周围节点看作是终端；也可以把所有的节点均看作交换局，此时中心节点即成为了汇接局。星型网络结构的优点是节省网络传输设备，而缺点是可靠性差，单一传输链路没有备份。

（2）网状网络：网状网络实际上就是节点之间"个个相连"的网络。这种组网方式需要的传输设备较多，尤其当节点数量增加时，线路设备数量急剧增加。网状网络的冗余度高，可靠性比较高，但也需要复杂的控制系统。

（3）环型网络：环型网络可以以较少的设备连接所有的节点，而且当组成双向环时可以提供一定的冗余度。环型网络在电话通信网中的应用不多。

分层结构适合用于不同等级交换节点的互联中，多用于长途网中。

2．PSTN长途网

1）我国历史上的长途网结构

我国电话网最早为五级结构，长途网分为四级。一级交换中心之间互联形成网状网络，其他级别的交换中心逐级汇接。这种五级等级结构的电话网在我国电话网络发展的初级阶段，在电话网由人工向自动、模拟向数字过渡的过程中起到过重要作用。但是，在通信事业飞速发展的时代，由于经济的发展，非纵向话务流量日趋增多，新技术、新业务不断涌现，五级网络结构存在的问题日趋明显，在全网服务质量方面主要表现在：

（1）转接段数多，造成接续时延长、传输损耗大、接通率低。比如，两个跨地区或跨县用户之间的呼叫需要经过多级长途交换中心转接；

（2）可靠性差，一旦多级长途网中的某节点或某段链路出现故障，将会造成网络局部拥塞。

此外，从全网的网络管理、维护运行来看，区域网络划分越小、交换等级越多，网络管理工作就越复杂。同时，级数过多的网络结构不利于新业务的开展。

2）长途两级网的等级结构

目前，我国的电话长途网已由四级向两级结构转变。长途两级网的等级结构如图4-3所示。DC1构成长途两级网的高平面网

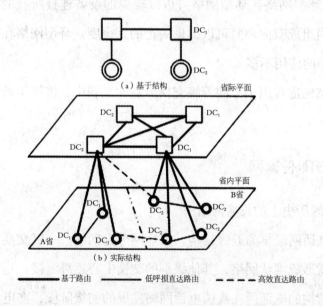

图4-3　两级长途电话网的等级结构

（省际平面）；DC2 构成长途网的低平面网（省内平面），然后逐步向无级网和动态无级网过渡。

长途两级网将网内长途交换中心分为两个等级，省际（包括直辖市）交换中心，以DC1表示；地市级交换中心，以DC2表示。DC1以网状网相互连接，与本省各地市的DC2以星型方式连接；本省各地市的DC2之间以网状或不完全网状相连，同时辅以一定数量的直达电路与非本省的交换中心相连。

各级长途交换中心的职能为：

（1）DC1 的职能主要是汇接所在省的省际长途来去话话务，以及所在本地网的长途终端话务；

（2）DC2 的职能主要是汇接所在本地网的长途终端来去话话务。

今后，我国的长途网将进一步形成由一级长途网和本地网所组成的二级网络，实现长途无级网。这样，我国的电话网将由长途电话网平面、本地电话网平面和用户接入平面三个层面组成。

3．PSTN本地电话网

本地电话网简称本地网，是在统一编号区范围内，由若干端局或由若干个端局和汇接局及局间中继线和话机终端等组成的电话网。本地网用来疏通本长途编号区范围内任何两个用户间的电话呼叫和长途发话、去话业务。

在 20 世纪 90 年代中期，我国开始组建以地市级以上城市为中心的扩大的本地网，这种扩大的本地网将城市周围的郊县与城市划在同一个长途编号区内，其话务量集中流向中心城市。

本地网内可以设置端局和汇接局。端局通过用户线和用户相连，其职能是负责疏通本局用户的去话和来话话务。汇接局与所管辖的端局相连，以疏通这些端局间的话务；汇接局还与其他的汇接局相连，以疏通不同汇接区间的端局的话务。根据需要，汇接局还可与长途交换中心相连，用来疏通本汇接区内的长途转接话务。

由于各中心城市的行政地位、经济发展及人口的不同，扩大的本地网交换设备容量和网络规模相差很大，所以网络结构可以分成以下两种：

（1）网状网。网状网中所有端局彼此互联，端局之间设置直达电路，如图4-4所示。这种网络结构适用于本地网内交换局数目不是太多的情况。

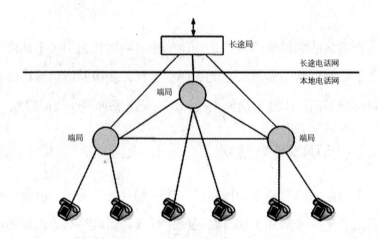

图4-4　本地电话网的网状网结构

（2）二级网。本地网若采用网状网，其电话交换局之间通过中继线相连。中继线是公用的，利用效率较高，通过的话务量也比较大，因此提高了网络利用率，降低了线路成本。当交换局数量较多时，采用网状网结构将导致局间中继线数量急剧增加。此时采用分区汇接制，把电话网分为若干个"汇接区"，在汇接区内设置汇接局，下设若干个端局，端局通过汇接局汇集，构成二级本地电话网。

4.3.3 PSTN网络业务

PSTN 的设计决定了它所支持的业务。它使用基于 64 Kb/s 的窄带信道，采用一系列的电路交换机，为支持基本的语音通信打下了基础。随着交换机智能化的提高，PSTN 可以提供一些特色服务。在传统结构中，单个交换机具有智能化的特点。交换机制造商和运营商关系紧密，只有获得了该交换机针对某项业务专门开发的专用软件，才能开展该项新业务。随着智能网的出现，将呼叫处理和业务处理相分离，使得新业务可以非常方便地开展。

目前PSTN网络可以为用户提供下列业务：

1．接入业务

接入业务的主要范围是中继线、按键电话系统的商用线路、集中式小交换机业务、线路租用和住宅用户线路。

（1）中继线用来连接PBX（用户小型交换机），有三种主要的形式：第一种是双向本地交换中间线，在这种方式下，数据流可以双向流动；第二种是直接拨入（DID）中继线，这种中继线只为了输入呼叫设计，可以将拨打的号码直接打到用户电话机，不需要接线员的参与，像是一条直达的专用线路；第三种是直接向外拨号（DOD）中继线，这种中继线主要用于呼叫输出，在拨打想呼叫的号码前先拨一个接入码，当有外线拨号音时，就表明在使用DOD中继线。

（2）按键电话系统的网络终端和本地交换机的商用线路连接。

（3）想将本地交换机像PBX一样使用时，可以按月租用集中式用户小交换机中继线。

（4）大公司常常租用昂贵的线路接入网络，普通用户则通过住宅用户线路接入网络。

用户线可以是模拟设施或数字载波设备。传统的模拟传输称为老式电话业务（POTS）。

2．专用传输业务

传输业务是网络交换、传输和支持源端与终端接入设备间信息传输有关的业务。专用传输业务包括租用线路、外部交换（FX）线路和楼外交换（OPX）。

（1）租用线路中的两个地点或设备总是使用相同的传输路径，而且线路为租用方所独享。

（2）FX线路可以使长途呼叫听起来和本地呼叫一样。使用FX不是按照外部呼叫的次数来收费而是按月付费，并且使用FX线路时要平衡好降低成本和确保高质量服务之间的关系。

（3）OPX用于分布环境，如一个城市的政府部门和离PBX距离较远的一些设施不适合使用普通电缆。它租用的线路连接PBX和楼外地点就像是PBX的一部分，通过它能使用PBX的所有功能。

3．交换传输业务

交换传输业务主要有公用交换传输业务和专用交换传输业务。

（1）公用交换传输业务包括市话呼叫、长途呼叫、免费呼叫、国际呼叫、辅助查号、协助呼叫和紧急呼叫；

（2）专用交换传输业务是在用户端设备（CPE）和传输上进行配置后才能使用。基于 CPE 的业务允许在 PBX 上增加电话系统的功能，称作电子汇接网。通过使用载波交换专用业务，集中式小交换机用户可以对多个市话交换机进行分割和性能扩展，这样可以在这些位置间转接业务。

4. 虚拟专用网业务（VPN）

VPN 起源于电路交换网，前身是 20 世纪 80 年代早期 AT&T 的软件定义网络（SDN）。VPN 是一个概念，而不是技术平台或某种网络技术。它定义了一种网络，在这种网络中，共享业务服务设备的用户流量是各自独立的，共享的用户越多，成本就越低。VPN 的目的是降低租用线路的高额成本，同时提供高质量的服务并保证专用流量。

VPN 基础设施包括载波公用网、网络控制点和业务管理系统。计算机可以控制通过网络的流量，使 VPN 用起来像专用网一样方便。可以通过专用接入、线路租用和载波交换接入等方式接入 VPN。网络控制节点是用户专用 VPN 信息的集中式数据库，可以对呼叫进行过滤并根据用户的要求进行呼叫处理。业务管理系统用于建立和维护 VPN 数据库，还允许用户编程来实现自己的特殊应用。这样，VPN 就成为 PSTN 领域中一种建立专用语音网的低成本方式。

4.4 窄带综合业务数字网（N-ISDN）

1．概述

现在的 PSTN 不仅能高质量、高可靠性地完成话音通信，而且还有模拟网所不可能具备的 12 种附加功能（如缩位拨号、热线电话、叫醒服务、呼叫转移、呼出限制等）。

但是，当今的社会对通信的需求已经不仅仅是电话。进入20世纪80年代后，全世界信息化的步伐明显加快，科技和经济发展对知识的需求使世界知识信息量呈爆炸式增长，信息的处理、存储、传输、交换、分配和利用导致了对通信持续旺盛的需求；宽带化、综合化、智能化、移动化、个人化、多媒体化的通信业务，对终端到终端的全数字连接需求越来越迫切，越来越广泛。但是，由铜缆组成的模拟用户接入网已经历了近一个世纪的发展，目前仍然是PSTN的用户接入网的主体，大量的数字终端仍需经调制解调器才能相互通信，且速率和效率受到很大的制约，于是多种业务网应运而生，给使用者、营运者带来许多麻烦。能够同时提供多种电信业务的综合型电信网络的题目就是在这样的形势下提出来的，这样的网络被定义为综合业务数字网，即ISDN。

2．N-ISDN的定义

CCITT 对 ISDN 的定义是："ISDN 是以综合数字电话网（IDN）为基础发展演变而成的通信网，能够提供端到端的数字连接，用来支持包括话音和非话音在内的多种电信业务，用户能够通过有限的一组标准化的多用户——网络接口接入网内。" 这里所指的

ISDN 是基于 64 Kb/s 的窄带 ISDN（即 N-ISDN）。

3．N-ISDN提供的业务

1）承载业务

承载业务是单纯的信息传送业务，由ISDN网络提供，其任务是将信息自一个地方"搬运"至另一个地方而不作任何处理（即所谓的透明传输）。承载业务只说明网络的通信能力，而与终端设备的类型无关。承载业务包含了OSI的1～3层功能。ITU-T为承载业务定义了13种业务特征（或称属性），如表4-2所列。

承载业务又分为电路交换方式承载业务、分组交换方式承载业务和帧方式承载业务三种。

电路交换承载业务有 3.1 kHz 音频、64 Kb/s 不受限的数字信息、语音等。

分组交换承载业务又有利用 B 通路电路交换方式接入的分组数据业务、利用 B 通路分组交换接入的分组数据业务和利用 D 通路进行的分组数据业务三种。

表4-2　ISDN提供的承载业务的13种业务特征

序号	信息传递特性	序号	接入特性	序号	一般特性
1	信息传递方式	8	接入通路和速率	10	所提供的辅助业务
2	信息传递速率	9	接入协议	11	业务质量
3	信息传递能力	--		12	互通可能性
4	结构	--		13	操作和商用的特性
5	通信的建立	--		--	
6	通信配置	--		---	
7	对称性	--		--	

2）用户终端业务

用户终端业务是面向用户的各种应用业务，包含了网络的功能和终端设备的功能，是在承载业务提供的1～3层功能之上，选择OSI七层协议模型的4～7层功能上的各种不同服务。

ITU–T I.240建议定义了以下几种用户终端业务：数字电话，即在64 Kb/s的速率上传送高保真度7 kHz语音业务；4类（G4）传真，即以64 Kb/s的速率传送一页A4版面，约需3秒；智能用户电报，即可采用电路交换和分组交换两种方式；混合通信；用户电报；可视图文；数据通信；视频业务和远程控制。

3）补充业务

补充业务不能单独存在，而总是与承载业务或用户终端业务一起提供。

ISDN的补充业务分为以下七大类：

（1）号码识别类：直接拨入、多用户号码、主叫线号码显示、主叫线号码限制、被叫线号码显示、被叫线号码限制、子地址、恶意呼叫识别。

（2）呼叫提供类：呼叫转换、呼叫转送（遇忙呼叫转送、无应答呼叫转送、无条件呼叫转送）、寻线。

（3）呼叫完成类：呼叫等待、呼叫保持、对忙用户的呼叫完成。

（4）多方通信类：会议呼叫、三方通信。

（5）社团性类：封闭用户群、多级优先。

（6）计费类：信用卡呼叫、收费通知。

（7）附加的信息传递业务：用户—用户信令。

4．N-ISDN的网络构成

N-ISDN 由三部分构成，即用户网、本地网和长途网。

用户网是指由用户终端至 T 参考点所包含的机线设备。在 N-ISDN 中，用户的进网方式比 PSTN 中的用户进网要复杂得多，一般来说可采用总线结构、星型结构和网状结构。

本地ISDN的建设是以端局为基础，在用户终端设备与端局之间使用N-ISDN用户信令，即DSS1；N-ISDN端局之间或端局与汇接局之间采用No.7共路信令。

长途网是用于互连所有本地网的一组设备，长途网的数字化以及在长途网上开通 No.7 信令是实现 N-ISDN 长途传输与服务的基础。

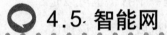

4.5 智能网

4.5.1 概述

智能网（IN）是一个结构概念，1984 年于美国最早提出，目的是提高电信网开放智能业务的能力。其基本思想是把业务逻辑从交换机中分离出来，由集中的被称为业务控制点（SCP）的节点加以控制，完成业务控制和业务数据功能，而交换机只实现交换接续逻辑，完成业务交换功能和呼叫控制功能，被称为业务交换点（SSP）。如果把 SCP 与 SSP 之间的操作标准化，那么每开放一种智能业务，只需在 SCP 中增加相应的程序，而无需对交换机的软件作任何改动，这样就使得智能业务的开放不依赖于交换机的制造商。

智能网概念的提出引起各国的极大兴趣，1988年，原CCITT开始研究智能网的标准，1992年给智能网作了一个定义，即"智能网是一个能快速、方便、灵活、经济、有效地生成和实现各种新业务的体系；智能网是在原电话网的基础上，为快速提供新的业务而附加的一种网络，这个网络将原电话网中的交换机的业务功能和控制功能分离出来，集中于含有大型数据库的业务控制点SCP，以SCP为核心进行网络管理、增加或修改业务，而原有的、大量的交换机只完成基本的接续功能"。与此同时，CCITT还提出了第一组智能网业务能力集的建议。

智能网的三种实现模式如下：

（1）以已有的交换机为基础。以已有的交换机为基础就是在交换机中增加业务控制功能（SCF），按照业务要求修改某个交换机的软件。在该交换机所在的地区（可以是一个省，也可以是一个地区）内的智能业务均由该交换机处理，也就是说，该地区内的其他交换机只把接收到的智能业务呼叫转移到该交换机去完成。ITU-T称这种控制节点为业务交换控制点（SSCP），由此构成的智能网称为以 SSCP 为基础的智能网。

（2）以计算机为基础。由控制计算机控制若干台分别承担不同业务处理任务的前置处理机，所有这些前置处理机被称为业务电路，并全部连至一台也由控制计算机控制的专用的交换机，以实现交换接续功能。网上的其他交换机再与该专用交换机相连，以实现全网的智能业务。

（3）以独立的 SCP 为核心。以独立的 SCP 为核心，以 No.7信令网为支撑的智能网，又称以 SCP 为基础的智能网。SCP 与SSP 之间用 No.7 信令和智能网应用规程（INAP）连接，SCP 与业务管理系统之间的联系通过分组网。特别强调的是，这种以 SCP 为基础的模式是当前智能网发展的主要模式。

智能网概念的三要素包括：

（1）灵活性：指引入、增加、修改业务的能力。

（2）开放性：指其结构与国际建议的一致性。

（3）可靠性：指网络可提供服务的有效性和长期稳定。

4.5.2 智能网的概念模型

智能网的主要目标是提供独立于业务的一些基本功能，然后再把这些基本功能当成积木式组件来构成各种业务，这样可以方便地规范和设计各种新业务；其次是网络的实施不直接与业务相关，这些与业务不直接相关的功能可以用各种物理实体来实施。智能网的概念模型如图4-5所示。

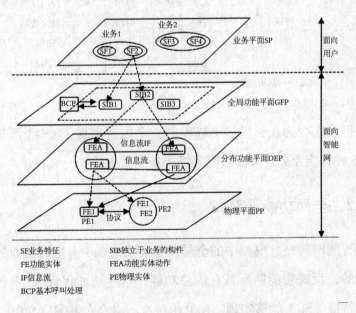

图4-5 智能网概念模型

1. 业务平面

智能网的概念模型中的业务平面（SP）是从业务使用者的角度出发，反映智能网向用户提供业务的能力、业务的特征，而与如何实现这些业务无关。原 CCITT 已经建议了 38 种业务特征，由这 38 种业务特征可以构成 25 种业务，即智能网能力集 1（IN CS-1），如表 4-3 所示。

表 4-3　智能网功能集1（CS-1）规定的25种业务

智能业务名称	代号	智能业务名称	代号	智能业务名称	代号	智能业务名称	代号	智能业务名称	代号
缩位编号	ABD	重选呼叫路由	CRD	跟我转移	FMD	优惠费率	PRU	呼入筛选	TCS
记账卡呼叫	ACC	遇忙回叫	CCBS	被叫集中付费	FPH	安全检查	SEC	通用接入号码	UAN
自动更新记账	AAB	会议呼叫	CON	恶意呼叫识别	MCI	*注2	SCF	通用个人通信	UPT
呼叫分配	CD	信用卡呼叫	CCC	大众呼叫	MAC	分摊计费	SPL	按用户的规定选路	VDR
呼叫前转	CF	*注1	DCR	发端呼叫筛选	OCS	电话投票	VOT	虚拟专用网	VPN

注1：目的地呼叫路由选择；

注2：遇忙/无应答时可选呼叫转移。

但是迄今为止，世界上尚没有一个国家实现了 CS-1 所规定的 25 种智能业务，大多数国家都实现了其中的 5 ～ 8 种。

2. 全局功能平面

智能网的概念模型中的全局功能平面（GFP）是面向业务设计者的，反映智能网所具有的总功能，这些功能保证 SP 中各种业务特征（SF）能够实现。GFP 由独立于业务的构件（SIB）、基本呼叫处理（BCP）以及总业务逻辑思维（GSI）构成。

原 CCITT 在 GFP 中定义了 13 种 SIB 和一个 BCP。业务平面 SP 中的 SF 都映射到一个或多个 SIB 上，像搭积木一样用 SIB 的不同组合组成各种业务。

3．分布功能平面

DFP 对智能网的功能加以划分，从网络设计者的角度出发描述智能网的功能结构。在 DFP 上有各种不同类型的功能实体（FE），每个功能实体可以完成各种功能实体动作（FEA）。每个 SIB 都映射 DFP 上的一个或多个功能实体上，由功能实体中的功能实体动作协同工作完成每个 SIB 的功能。原 CCITT 已经建议了 9 种功能实体，图 4-6 表示了这 9 个功能实体之间的关系。

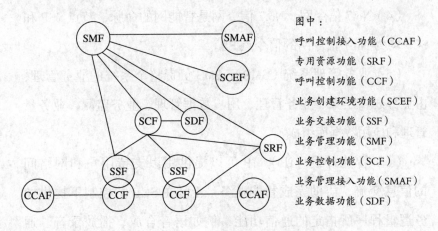

图中：
呼叫控制接入功能（CCAF）
专用资源功能（SRF）
呼叫控制功能（CCF）
业务创建环境功能（SCEF）
业务交换功能（SSF）
业务管理功能（SMF）
业务控制功能（SCF）
业务管理接入功能（SMAF）
业务数据功能（SDF）

图 4-6　智能网分布平面图

4．物理平面

物理平面（PP）是面向网络的实施者，分布功能平面 DFP 的各功能要在物理平面的各个物理实体中实施。物理平面用来标志各个物理实体以及这些实体之间的接口。物理平面要最终实现智能网概念模型的目标。物理平面中包含以下七个典型的物理实体：

（1）业务交换点（SSP）。SSP 由作为主体的数字程控交换机、某些必要的软硬件以及 No.7 信令网的接口设备组成。

（2）业务控制点（SCP）。SCP 是智能网的关键部件，由大、中型计算机和大型高速实时数据库组成。它与 SSP 之间有协议接口可以实现分层通信。SCP 集中了智能网所能提供的全部业务的控制功能，接收来自 SSP 的查询信息、查询数据库，完成路由选择和确认，然后向 SSP 发出呼叫处理指令。

（3）信令转接点（STP）。STP 是 No.7 信令网的组成部分，在智能网中用于沟通 SSP 和 SCP 之间的信号联络，转接 No.7 信令的 INAP 协议。

（4）No.7 信令网。No.7 信令网是智能网的命脉，节点 SSP 和 SCP 均为 No.7 信令网的信令点 SP。

（5）业务管理系统（SMS）。SMS 负责整个系统的业务管理，由业务逻辑定义、业务管理、用户数据管理、业务监测、业务量管理和应用数据库组成。

（6）智能外设（IP）。IP 可以提供用以支持用户和网络间的信息交流，协助完成智能业务，还可在 SCP 的控制下提供业务逻辑程序所指定的通信功能，例如语音合成、播放录音、通知等。

（7）业务生成环境（SCE）。SCE 的主要功能是根据用户的要求生成新的业务逻辑。

我国国家智能网骨干网的结构如图 4-7 所示。

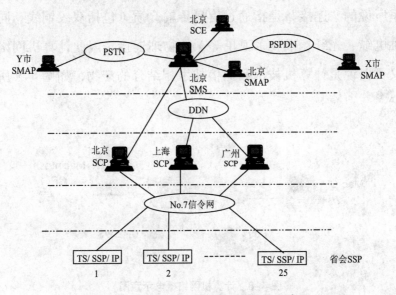

图4-7 我国国家智能网骨干网结构示意图

4.6 计算机互联网

1．概述

计算机互联网（CCN）是一个以 TCP/IP 协议把各个国家、各个部门、各种机构的内部网络——可以是局域网（LAN），也可以是城域网（MAN）、广域网（WAN）——连接起来的数据通信网。从信息资源的观点看，计算机互联网又是一个集各个部门、各个领域内各种信息资源为一体的信息资源网。网上的用户可以跨地区、跨国界使用远程计算机系统上的资源，查询网上的各种信息库、数据库，得到自己所需要的各种信息资料。

所谓计算机网络，是指互联起来的计算机的集合。"互联"的含义是指互相连接的两台计算机之间能够相互交流信息。这里所说的"连接"是指通过信息传输介质（包括双绞铜线、同轴电缆、光纤、微波、卫星等）的物理连接，因此计算机网络又可以说是计算机技术和通信技术相结合的产物，如图 4-8 所示。

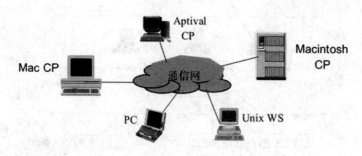

图 4-8　计算机网络概念示意图

表 4-4 所示为计算机网络的分类。

表4-4　计算机网络的分类

分布距离（km）	处理机位于同一物理地位	网络分类	数据传输速率（Mb/s）
0.01	房间	局域网	4～2000
0.1	建筑物		
1	校园网		
10	城市	城域网	0.05～0.1
100	国家	广域网	0.0096～45
1000	洲或洲际	网间网	

2．TCP/IP与ISO/OSI协议

1）TCP/IP

TCP/IP 是上世纪 70 年代美国国防部为其 ARPANET 广域网开发的网络体系结构和协议标准，以这一协议为基础组建的互联网是目前国际上规模最大的计算机网间网，TCP/IP 也是当今最成

熟、应用最广泛的互联网技术。

协议是通信双方的约定，在复杂的通信地址系统中，协议是分层次的，各层协议互相协作构成一个整体完成某项功能。TCP/IP模型由四个层次组成：

（1）应用层：向用户提供一组常用的应用程序，如文件传输访问、电子邮件等。用户也可以在网间网之上（即传输层之上）建立自己专用的应用程序，但这些程序不属于TCP/IP之列。

（2）传输层（TCP）：提供应用程序之间（端到端）的通信。

（3）网间网层（IP）：负责计算机网络内和网络间各网络节点间的通信。

（4）网络接口层：TCP/IP软件的最低层，负责接收IP数据报并通过网络发送。

TCP/IP 是在实践中诞生并在实践中发展完善的网络级互联技术，其优点是隐藏硬件细节，向上提供统一的、协作的、通用的通信系统。

2）ISO/OSI

1977 年国际标准化组织（ISO）为实现异种（计算）机之间的互联制定了一组开放系统互连 OSI 的网络体系结构，如图 4-9 所示。

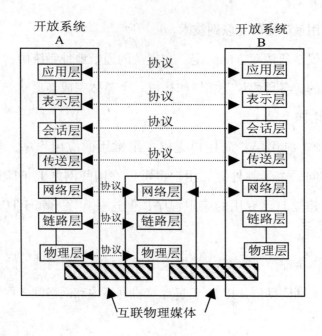

图 4-9　开放系统互联七层模式示意图

下面对 OSI 各层功能简要加以介绍。

第一层（物理层）：提供 DTE 之间、DTE 与 DCE 之间机械的连接设备插头、插座的尺寸和端头数及排列等，还包括信号的传输以及物理连接的建立和解除等电气性能。

第二层（数据链路层）：数据链路是数据的发生点与接收点之间所经过的全部路径，可以是点—点信道，也可以是点—多点信道。链路层是通信双方有效、可靠、正确工作的基础，常用的协议有两类：一类是面向字符的传输控制规程，如基本型传输控制规程；另一类是面向比特的，如高级数据链路控制规程（HDLC）。

第三层（网络层）：用于控制通信子网的运行。从第四层（传送层）来的报文在这里转换成一个个分组进行传送，在收信端的节点上再组装成报文转给第四层。

第四层（传送层）：是建立在网络连接的基础上工作的，用于建立、拆除和管理转送连接。一条转送连接通道可以建立在一条或多条网络连接通道上，也可以几条转送连接通道合用一条网络连接通道。

第五层（会话层）：用户与用户在逻辑上的联系称为会话。会话层的主要功能是在建立会话前进行身份验证及付费方式、通信方式等的确认。

第六层（表示层）：涉及字符集和数据码，以及数据的显示方式或打印方式、颜色及格式的选用、字符集的转换等。

第七层（应用层）：为应用进程访问网络环境提供工具，并提供直接可用的全部 OSI 的服务。应用层的内容取决于各个用户。

OSI 广泛用于数据通信的各个领域，并正在逐步成为国际标准。但一些专家学者认为，TCP/IP 的生命力依然很旺盛。

3．CCN用户进网方式

（1）仿真终端方式（或称终端拨号入网方式）。利用个人计算机（PC）上的仿真软件，将 PC 机仿真成网络服务器的终端，经电话线呼叫 CHINANET 的接入码即可进入互联网。其优点是价格最低，使用方便，缺点是没有自己的 IP 地址，所接受的 E-mail 和通过 FTP 取得的文件只能存在代理服务器上，自己只能联机阅读，如果想下载尚需相应的软件。

（2）专线方式（DDN 租用线、X.25 租用线和帧中继）。这种方式下，用户承担的通信费用较高，但可拥有自己的 IP 地址，独享 4.8 ～ 64 Kb/s 的带宽，速度快。

（3）经 ISDN 基本速率 2B+D 接口进入 CCN。这种方式下，用户承担的通信费用也比较高，除了具备专线方式的优点外，还具备可同时接入 2～3 个终端的优点。

（4）局域网方式。这种方式最适合大型企业集团公司、科研单位、学校等的多用户系统，其入网方式有两种：一是通过 PSTN 的电话线将局域网的服务器与互联网的主机相连，该局域网中的所有 PC 机共享一个 IP 地址；二是通过路由器将局域网与互联网的主机相连，局域网中的 PC 机可以有自己独立的 IP 地址。

4.7 传送网（SDH）

1．SDH概述

电信网中的陆地有线传输系统，经历了从模拟系统到 PCM 数字系统，又从 PCM 数字系统的准同步数字系列 PDH 到同步数字系列 SDH 的演变。虽然这个演变尚未结束，但是，建设以同步数字体系 SDH 为技术基础的大容量、高质量、高可靠和能够有效地支持现有各种业务网、支撑网和未来的综合信息业务网的传送平台，已经是无可争议的了。这是因为，ITU–T 在上世纪 80 年代后提出的一种崭新的数字传输系统代表了传输系统的发展方向，被公认为是新一代理想的宽带传送网，是未来信息高速公路传送平台的基础。

大家所熟知的 PCM 技术是根据著名的"香农定理"，对模拟信号以 8000 次 / 每秒的频率抽样后，又经过量化、编码变换成 64 Kb/s 的数字信号，在复接成 2048 Kb/s 的基群时采用了同步复接技术，但在复接成二（8 448 Kb/s）、三（34 368 Kb/s）、四

（139 264 Kb/s）次群时却采用了正码速调整的异步复接，而且为了复接的方便，规定了各支路时钟之间允许的偏差标称值范围，即准同步工作方式，此时的比特系列称为异步数字系列，更准确的名称是准同步数字系列（PDH）。由于在上述的量化、编码中，欧洲和北美、日本采用了不同的折线率（前者为 A 率，后者为 μ 率），所以形成了世界上的两大互不兼容的 PDH 体系（上述的 PDH 各次群的码速系欧洲体系又称为 E1 标准）。因此，给国际通信造成了许多麻烦。

随着光纤通信技术的成熟和商用化，美国贝尔通信研究所于 1984 年开始研究同步信号光传输体系，提出了建立全同步网的构想。1985 年美国国家标准协会（ANSI）主持制定了光同步网标准，并命名为光同步网络，即 SONET。SONET 的主要目标是使各个厂商生产的设备有统一的标准光接口，使网络在光路上能够互通。1986 年原 CCITT 开始了这方面的研究，同时审议了 SONET 标准，随后建议增加 2 Mb/s 和 34 Mb/s 支路接口，美国 ANSI 接受了这些建议。1988 年 CCITT 通过了 SDH 的第一批建议，对 SDH 的码速系列、信号格式、复用结构作出了规范。到目前为止，已经形成了一个完整的全球统一的光纤数字通信体系的标准。

2．SDH的特点

SDH最突出的特点是有全球统一的网络节点接口（NNI），包括统一的数字速率等级、帧结构、复接方法、线路接口、监控管理等，实现了数字传输体制上的世界标准及多厂家设备的横向兼容。SDH具有如下一些特点：

（1）从 SDH-N 中容易分出 / 插入支路信号且分 / 插复用很灵

活，还可用软件的方法动态地改变网络的配置，及时适应用户业务对传输能力的需求。

（2）有充足的开销比特，可满足传送现代监测、倒换、管理、维护信息的需要，可适应未来电信管理网（TMN）的需要。

（3）STM-1 以上完全采用同步字节复用，便于向高次群、大容量发展。

（4）兼容 1.544 Mb/s 和 2.048 Mb/s 两大 PDH 系列，还可以横向兼容多厂商的设备，实现互通。

（5）有效的网管和网络动态配置可以使物理路由和逻辑拓扑分离，便于组织自愈环，不仅可靠性高而且降低维护费用。

（6）8 kHz 的帧频与字节同步复用，为实现传输与交换的综合化提供了可能。

（7）由于 ITU-T 已将 B-ISDN 的用户／网络接口的标准速率确定为 155 Mb/s，从而使 SDH 成为支持 B-ISDN 的重要传输平台。

但是，SDH 的帧结构要比 PDH 复杂得多，技术难度也要大得多。

3．SDH的结构

SDH 传送网在纵向可分解成电路层、通道层和传输媒质层。SDH 传送网分层模型如图 4-10 所示。

其中，SDH 传送网由标准的 SDH 网络单元组成，包括终端复用器（TM）、数字交叉连接设备（DXC）、分插复用器（ADM）、网路管理中心（NMC）和光中继器（OTR）。

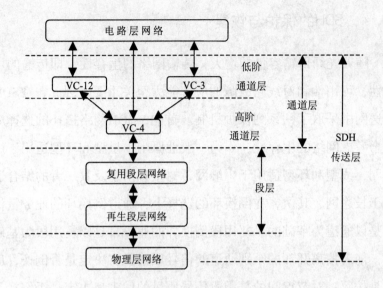

图 4-10　SDH 传送网分层模型

SDH 技术及其装备的应用和发展，使得电信网中的传输设备容量不断扩大，传统的、人工跳线式的数字配线架已经远远不能适应传送网的中继器设备、运行和网络调度。前文所述的智能化的数字交叉连接设备（DXC）很好地解决了这个问题。我国 SDH 传送网结构如图 4-11 所示。

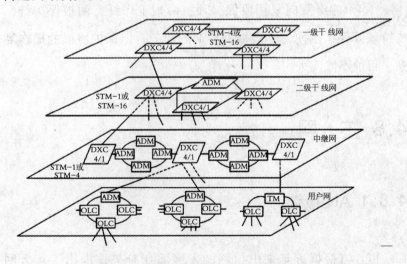

图 4-11　我国 SDH 传送网的基本框架结构

4．SDH的保护与恢复

随着光纤传输容量的增大，传输网络的生存性，即传输的可靠性、可用性和对线路故障的应变能力至关重要。因此，在SDH传送网中采取了一系列保护机制。首先，SDH网络拓扑的选择应综合考虑网络的生存性，作为一般性原则，星型和环型适用于用户网，线型和环型适用于中继网，树型和网型及其二者的结合适用于长途网。其次，在倒换环的选择上，通道倒换环的业务量保护是以通道为基础的，复用段倒换环的业务量是以复用段为基础的，前者按离开环的个别通道的信号质量优劣决定是否倒换，后者是按每一对节点间的复用段信号质量的优劣来决定是否倒换。SDH的这种环网保护又分以下几种类型：

（1）二纤单向通道保护环：发端桥接，收端倒换。

（2）二纤单向复用段保护环：一纤工作，一纤保护；需要保护倒换协议的支持。

（3）二纤双向复用段保护环：每根纤的工作时隙和保护时隙各占一半，不支持区间保护倒换。

（4）四纤双向复用段保护环：两根工作纤，两根保护纤，支持区间保护倒换，不会损失环上的业务，但保护协议的操作复杂，目前不倾向采用。

4.8 接入网

4.8.1 AN 概述

ITU–T根据近年来电信网的发展演变趋势，提出了接入网

（AN）的概念，目的是综合考虑本地交换局（LE）、用户环路
和终端设备，通过有限的标准化接口，将各种用户接入到业务节
点（SN）。接入网所使用的传输媒介和传输技术是多种多样的，
可灵活支持混合的、不同的接入类型和业务；也就是说，它也应
该支持窄带和宽带多种业务的综合接入。

接入网是由业务节点接口（SNI）和相关用户网络接口（UNI）
之间的一系列传送实体（如线路设施和传输设施）所组成的，为
传送电信业务提供所需承载能力的实施系统。

接入网所覆盖的范围是由三个接口来分界，如图 4-12 所示。
用户终端设备通过 UNI 连至接入网，接入网又经 SNI 连至业务节
点（SN）上，并通过 Q3 接口连至电信管理网（TMN）上，使接
入网能纳入 TMN 的统一管理之中。

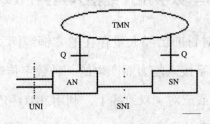

图 4-12　接入网所覆盖范围的三个界面

根据接入网的定义，在传统的 PSTN 中，接入网就是由大量
的、各种不同类型和容量的铜介质的电缆构成的铜缆网，传输频
带只有 3.4 kHz，仅能满足话音通信和低速率的话上数据以及其他
低速率的数据传输。在人类进入信息社会后，在电信网中的业务
接入节点（LE）以上的交换设备和传输设备都已实现和正在实现
数字化、宽带化，用户终端业务正在逐步向智能化、多媒体化发展，
此时 3.4 kHz 的传输带宽显然是个极细的"瓶颈"，被称为"信息

高速公路的最后一公里"。于是，解决这个"瓶颈"的各种技术和设备及其相应的技术标准相继问世。V5 接口就是 ITU-T 根据以上情况制定的国际标准。V5 接口只解决接入网的数字传输系统与数字交换机之间的配合。

但是，就接入网采用的数字传输方式而言，接入网可以分成三大类，即有线接入网、无线接入网和混合接入网。

4.8.2 有线接入网

有线接入网是指在业务接入点和用户终端设备之间采用了有线数字传输系统，目前广泛采用的有以下几种：

1. 高比特率数字用户线接入网络（HDSL）

HDSL是针对目前已经大量存在的"铜缆网"的现状，为了提高双绞线的数字接入能力而产生的一种数字传输系统。其基本原理是在两对（或三对）双绞线上，利用2B1Q和无载波调幅调相（CAP）两种编码技术以及高速自适应数字滤波器及信号处理器去均衡全频带内的线路衰减和回波衰减，完成2 Mb/s信息流的透明传输。HDSL接入网系统的典型结构如图4-13所示。其中，LTU为HDSL设置在交换局端的线路终端单元设备，一般直接设置在本地交换机LE的接口处；NTU为HDSL设置在用户侧的网络终端单元，用于提供用户侧的接口。

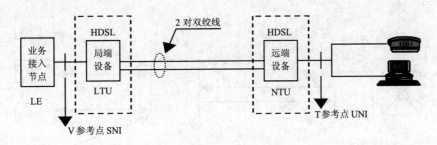

图 4-13　HDSL 的典型应用

HDSL 是一种双向数字传输系统，其本质的特征是提供 2 Mb/s 数据的透明传输，因此它支持净负荷为 2 Mb/s 以下的业务，在接入网中它能支持的业务有：

（1）ISDN 的 PRA 数字段，用于蜂窝系统中 BSS 与 MSC 的连接，在光接入网中可提供最后一公里的接入。

（2）PSDN 的 POTS，可传 30 路话音，用于 POTS 的扩容。

（3）2 Mb/s 租用线。

（4）分组数据。

（5）成帧或不成帧的 2 Mb/s。

HDSL 在 0.4 mm 线径的铜双绞线对上的无中继传输距离为 4 ～ 5 km。

2．不对称数字用户线接入网络（ADSL）

ADSL 是在铜质电缆的普通电话用户线上传送电话业务的同时，可向用户提供单向宽带（6 Mb/s）业务和交互式低速数据业务，可传送一套 NDTV 质量的 MPEG 2 信号，或 4 套录像机（VCR）质量的 MPEG 1 信号，或 2 套体育节目质量的实时电视信号，能满足普通住宅用户近期内对视像通信业务的需求。ADSL 的系统结构如图 4-14 所示。

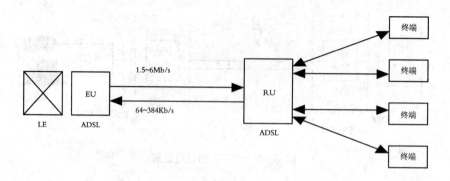

图 4-14　ADSL 的系统结构

3．光纤接入网（OAN）

OAN 是光接入传输系统支持并共享同样网络侧接口的一系列接入链路的，可以包括若干连接至同样光线路终端的光配线网。通俗地讲，就是用光纤代替传统的铜质双绞线，在交换局端需将电信号转换为光信号，在用户端利用光网络单元（ONU）将光信号再转换恢复成电信号送至用户终端设备。

（1）光纤到路边（FTTC）。在 FTTC 结构中，ONU 设置在路边的入孔或电线杆上的分线盒处，有时也可能设置在交接箱上，从 ONU 到各个用户之间仍使用双绞铜线，如果要传送图像业务则需要使用同轴电缆。

（2）光纤到大楼（FTTB）。FTTB 适用于高密度用户区的场合，例如将 ONU 设置在写字楼内配线箱处，再经多对双绞线将业务分送给用户。

（3）光纤到家（FTTH）和光纤到办公室（FTTO）。将 FTTC 中的 ONU 换成无源光分路器，然后将换下来的 ONU 移至用户家里即为 FTTH 结构；如果将换下来的 ONU 移至企事业单位的用户终端设备处，即为 FTTO。

OAN 是一种能提供双向交换意见式业务的系统，基本业务有以下七类：普通电话业务、租用线、分组数据、ISDN 基本速率接入（BRA）、ISDN 基群速率接入（PRA）、$N*64$ Kb/s 及 2 Mb/s（成帧和不成帧）。

此外，还有单向广播式业务（如 CATV）、双向交互式业务（如 VOD）等。

4.8.3　固定无线接入网

所谓固定无线接入网，是指从业务节点到用户终端部分全部采用无线传输方式的接入网。固定无线接入网的用户终端设备为固定设置或仅含有限的移动性。

固定无线接入系统的基本要求应能支持电话和传真，系统功能包括必备功能和可选功能。

固定无线接入系统的必备功能包括：

（1）能支持公网交换机所发出的拨号音、振铃音、忙音等信号音。

（2）能支持 DTMF 信号和拍叉簧功能，及以此为基础的各项派生功能。

（3）对所能支持的基本业务及补充业务透明传输。

（4）应具有用户识别鉴权功能，并能对无线接口的重要信息单元或用户信息进行加密。

（5）能对固定无线接入用户进行管理，存储用户数据库，包括用户的识别码和各种业务能力。

（6）能提供固定用户终接设备的检测监视能力。

（7）具有呼叫处理功能，在通话建立和中断过程中处理基站所需的控制信息，包括寻呼固定无线用户、传送用户响应、处理用户的摘挂机活动等（即移动技术的固定应用或专用的固定无线接入技术）。

可选功能包括：

（1）优先级功能。在系统过载、外部电源故障或系统停电等异常情况下，可根据用户类别或呼叫性质，采用优先级设置建立通话。

（2）当用户终端作为投币式电话或 IC 卡电话等计费设备使用时，系统应能支持高频 16 kHz 计次信号，并能透明地传递应答信号（反极性信号）和挂机信号。

（3）扇区共享功能。由于业务的原因，固定终端设备可转为次强信号的扇区。

4.8.4 混合接入网

由于接入网的应用环境复杂多变，采用单一的技术有时会难以满足不同用户的业务需求，因此，混合接入网的技术方案也在实际应用中得到了发展。

1．窄带无源光网络（PON）＋单向HFC混合接入

这一混合接入方案的特点是充分利用 PON 的双向多点的传输优势和 HFC 的单向分配型多点传输优势，实现优势互补。系统的基本结构是两套独立的基础设施，但可以通过 HFC 的光节点给 PON 的 ONU 供电。由于是两套独立的基础设施，系统的建设比

较灵活，可以先建 PON，以解决电话和数据的双向通信业务，日后再建 HFC 以满足 CATV 的需求。

2．数字环路载波（DLC）+单向HFC混合接入

由于 DLC 在传输电话业务方面比 PON 要经济，尤其是采用标准中继接口和 V5 接口的 DLC 系统，其费用会更低。但 DLC 系统的多点传输能力和业务的透明性不及 PON 系统，不是长期发展方向。

3．有线+无线混合接入

有线与无线的混合接入也是一种优势互补的接入方案，其典型应用有以下三种：

（1）用无线代替有线的引入线部分，其他均为有线。

（2）用无线代替有线的配线和引入线部分，公共馈线仍为有线。

（3）用无线代替整个有线接入网，直接与本地交换机相连。

4.8.5 接入网的发展趋势

随着电信行业垄断市场的消失和电信网业务市场的开放，以及电信业务功能、接入技术的不断提高，接入网也伴随着发展，主要表现在以下几点：

（1）接入网的复杂程度在不断增加。不同接入技术间的竞争与综合使用，以及对大量电信业务的支持要求等，使得接入网的复杂程度增加。

（2）接入网的服务范围在扩大。随着通信技术和通信网的发

展，本地交换局的容量不断扩大，交换局的数量在日趋减少，在容量小的地方改用集线器和复用器等，这使接入网的服务范围不断扩大。

（3）接入网的标准化程度日益提高。在本地交换局逐步采用基于 V5.X 标准的开放接口后，电信运营商更加自由地选择接入网技术及系统设备。

（4）接入网应支持更高档次的业务。市场经济的发展促使商业和公司客户要求更大容量的接入线路用于数据应用，特别是局域网互连，要求可靠性、短时限的连接。随着光纤技术向用户网的延伸，CATV 的发展给用户环路发展带来了机遇。

（5）支持接入网的技术更加多样化。尽管目前在接入网中光传输的含量在不断增加，但对要求快速建设的大容量接入线路，则可选用无线链路。

（6）光纤技术将更多地应用于接入网。随着光纤覆盖扩展，光纤技术也将越来越多地用于接入网。从发展的角度看，光纤接口将最终进入家庭，真正实现宽带光纤接入，实现统一的宽带全光网络结构，因此电信网络将真正成为本世纪信息高速公路的坚实网络基础。

4.9 公用交换分组数据通信网（PSTDN）

4.9.1 PSTDN概述

"数据"是指用数字信号代表的文字、数字及符号等。数据通信是电子计算机技术和电信技术相结合的产物，它是各种计算机和计算机网络赖以生存的基础。数据通信系统的构成如图 4-15 所示。

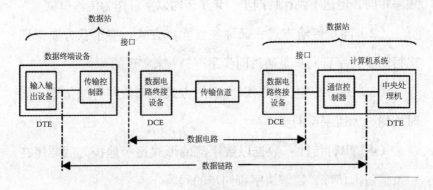

图 4-15　数据通信系统的构成

1．数据终端设备（DTE）

DTE的主要功能：把人可以识别的数据变换成计算机能够处理的二进制信息，再把计算机处理的结果变换成人可以识别的数据。

DTE的传输控制功能：由传输控制器和通信控制器按双方预先约定的传输控制规程，完成通信线路的控制、收发双方信号的同步、工作方式的选择、传输差错的检测和校正、数据流量的控制，以及数据交换过程中可能出现的异常情况的检测和处理。

DTE 还可完成其他必要的数据处理功能。

2．数据电路（DCE）

DCE 由数据电路终接设备和传输信道组成。在模拟信道环境下，进行模 / 数变换，在数字信道环境下进行数字信号的单 / 双极性变换，执行定时、再生、信道特性均衡、信号整形及环路检测等。

3．数据传输方式

（1）异步传输方式：收发端的时钟是各自独立的，虽然标称频率相同，但达不到比特同步。异步传输以字符作为传输单位。

（2）同步传输方式：又称独立同步方式，要求双方要保证比特同步；字符同步是通过同步字符SYN来实现的。

（3）并行传输：数据以成组的方式在多条并行的信道上同时传输，无需字符同步。

（4）串行传输：数据以数字流的形式逐个地按先后顺序在一条信道上传输，需解决字符同步的问题。

公用数据通信网是由电信经营者建设并运营，向全社会提供数据通信业务的网络。我国的数据通信网主要有以下几种：分组交换网（CHINAPAC）、数字数据网（CHINADDN）和帧中继网（FRN）。

4.9.2 公用交换分组数据网（PSPDN）

PSPDN是基于存储—转发的原理将用户终端发来的报文按一定的长度（字节）划分成若干个分组，并在每一个分组前面加一个分组头（标题），用以指明该分组发往何地址，然后由分组交换机按每个分组的地址标志将它们转发至目的地。由于这些分组可能会通过不同的传输路径到达目的地，因此，在目的地的分组交换机要把这些到达的先后不一、顺序不一的分组重新组装成原来的报文，才能转发给目的地的用户终端。

我国公用交换分组数据网实行两级交换，设立一级和二级交换中心，如图4-16所示。一级中心设在中央直辖市和各省会城市，二级中心设在各省内地、市和较大的县。一级中心之间为网状网，一级中心至所属的二级中心间为星型结构，同一个一级中心所属的二级中心之间采用不完全的网状网。一、二级交换中心原则上设置本地/转接合一的分组交换机（PLTS），但对转接量大的一级交换中心可以设置纯转接分组交换机（PTS）。

CHINAPAC提供的数据通信业务功能如下：

（1）基本业务功能：交换虚电路（SVC）、永久虚电路（PVC）。

（2）用户任选的业务功能（略）。

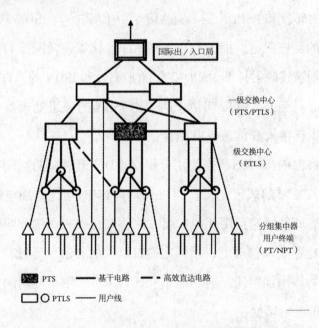

图 4-16 我国公用交换分组数据网的结构

用户业务类别是由数据信号速率/数据传输业务和其他特性划分的，原CCITT的X.1建议，根据电路交换数据传输业务、分组交换数据传输业务、同步操作、异步操作、ISDN等区别，划分为五组用户业务类别。其中，8～11类的速率为2400～48000 b/s，供分组终端用；20～22类的速率为50～1200 b/s，供起止式字符终端用。

PSPDN 的用户线使用市话电缆（模拟双绞线），经调制解调器（Modem）进入 PSPDN。在数字线路条件下，经数据服务单元（DSU）或同步调制解调器进入 PSPDN。用户终端设备按照原 CCITT 制定的 X.25 建议的协议（简称 X.25 协议）进入 PSPDN。PSPDN 也可以按照 X.25 协议等相关协议实现与 PSTN、TELEX、其他 PSPDN、ISDN、LAN 的互连。下面主要介绍与 ISDN 的互连。

由于 PSPDN 与 ISDN 的结构和通信协议不同，网内控制方式也不同，两网互连时需要进行通信协议的转换。首先是解决寻址编号映射转换和 PSPDN 的"随路信令"（LAPB）与 ISDN 的"No.7 信令"的互连问题。根据 CCITT 的 X.325 建议，两网接口界面的两侧分别通过映射标明 PSPDN 的 DTE 编号和 ISDN 的 DTE 编号，以传递寻址信息。在呼叫请求时，由 ISDN 的分组处理器根据接入点标识符接入 B 信道或 D 信道。

当PSPDN与ISDN互连使用分组交换D信道时，两网间呼叫控制信号按X.75的规定定义。当PSPDN与ISDN互连使用电路交换信道时有两种情况：用呼叫控制方法将来自PSPDN的呼叫映射到ISDN的电路交换信道上；用指定端口接入的方法。不过，上述两种方法均需添加网间互通功能单元（IWF），用于两网间呼叫控制信息的映射转换。

CCITT X.31建议还规定了现有X.25分组终端经ISDN接入PSPDN的标准和进入ISDN的两种情况：

（1）X.25 DTE 的呼叫通过 ISDN 是"透明传送"的，而 X.25 的第 2、3 层功能（链路层和网络层）则在 ISDN 之外的互通端口 IP 执行；

（2）在 ISDN 内提供分组处理功能，即 X.25 的 1、2、3 层功能均在 ISDN 内执行。

4.10 公用数字数据网（DDN）

1．DDN概述

DDN 是利用 PCM 数字信道，以传输不同速率数据信号为主，向用户提供经济、灵活和可靠的端到端的数字连接电路的数据通信网，适用于向用户提供半永久性的数字数据专线（非交换型的、全透明的）电路和各种数据网间高速数据中继链路。它的主要设备是智能化的数字交叉连接设备（DXC）、带宽管理器以及供用户接入的设备。

所谓的数字交叉连接设备（DXC）是一种具有交换功能的、智能化的传输节点设备，原CCITT对DXC的定义是："它是一种具有G.703建议的准同步数字系列和G.707建议的同步数字系列的数字端口，可对任何端口或其子速率进行可控制连接或再连接的设备。"通俗地讲，它就是一个半永久性连接的、由计算机控制输入和输出数字流进行交叉连接的复用器和配线架。

2．DDN的特点

（1）传输速率高：在DDN网内的数字交叉连接复用设备能提供2 Mb/s或$N \times 64$ Kb/s（≤ 2 Mb/s）速率的数字传输信道。

（2）传输质量较高：数字中继大量采用光纤传输系统，用户之间专有固定连接，网络时延小。

（3）协议简单：采用交叉连接技术和时分复用技术，由智能化程度较高的用户端设备来完成协议的转换，本身不受任何规程的约束，是全透明网，面向各类数据用户。

（4）灵活的连接方式：可以支持数据、语音、图像传输等多种业务，不仅可以和用户终端设备进行连接，也可以和用户网络连接，为用户提供灵活的组网环境。

（5）电路可靠性高：采用路由迂回和备用方式，使电路安全可靠。

（6）网络运行管理简便：采用网管对网络业务进行调度监控、业务的迅速生成。

3．DDN的应用

1）DDN 提供的业务

由于 DDN 网是一个全透明网络，能提供多种业务来满足各类用户的需求。

（1）提供速率可在一定范围内（200 b/s～2 Mb/s）任选的信息量大、实时性强的中高速数据通信业务，如局域网互连、大中型主机互连、计算机互联网业务提供者（ISP）等。

（2）为分组交换网、公用计算机互联网等提供中继电路。

（3）可提供点对点、一点对多点的业务，适用于金融证券公司、科研教育系统、政府部门租用 DDN 专线组建自己的专用网。

（4）提供帧中继业务，扩大了 DDN 的业务范围。用户通过一条物理电路，可同时配置多条虚连接。

（5）提供语音、G3 传真、图像、智能用户电报等通信。

（6）提供虚拟专用网业务。大的集团用户可以租用多个方向、较多数量的电路，通过自己的网络管理工作站进行自己管理，自己分配电路带宽资源，组成虚拟专用网。

2）DDN 网络在计算机联网中的应用

DDN 作为计算机数据通信联网传输的基础，提供点对点、一点对多点的大容量信息传送通道。如利用全国 DDN 网组成的海关、外贸系统网络，各省的海关、外贸中心首先通过省级 DDN 网，出长途中继，到达国家 DDN 网骨干核心节点。由国家网管中心按照各地所需通达的目的地分配路由，建立一个灵活的全国性海关外贸数据信息传输网络，并可通过国际出口局与海外公司互通信息，足不出户就可进行外贸交易。

此外，通过 DDN 线路进行局域网互连的应用也较广泛。一些海外公司设立在全国各地的办事处在本地先组成内部局域网络，通过路由器、网络设备等经本地、长途 DDN 与公司总部的局域网相连，实现资源共享和文件传送、事务处理等业务。

3）DDN 网在金融业中的应用

DDN 网不仅适用于气象、公安、铁路、医院等行业，也涉及到证券业、银行、金卡工程等实时性较强的数据交换。

通过 DDN 网将银行的自动提款机（ATM）连接到银行系统大型计算机主机。银行一般租用 64 Kb/s DDN 线路，把各个营业点的 ATM 机进行全市乃至全国联网，在用户提款时，对用户的身份验证、提取款额、余额查询等工作都是由银行主机来完成的，这样就形成一个可靠、高效的信息传输网络。

通过 DDN 网发布证券行情，也是许多券商采取的方法。证券公司租用 DDN 专线与证券交易中心实行联网，大屏幕上的实时行情随着证券交易中心的证券行情变化而动态地改变，远在异地的股民们也能在当地的证券公司同步操作来决定自己的资金投向。

4）DDN 网在其他领域中的应用

DDN 网作为一种数据业务的承载网络，不仅可以实现用户终端的接入，而且可以满足用户网络的互连，扩大信息的交换与应用范围。在各行各业、各个领域中的应用也是较广泛的。如无线移动通信网利用 DDN 联网后，提高了网络的可靠性和快速自愈能力。No.7 信令网的组网、高质量的电视电话会议，以及今后增值业务的开发都是以 DDN 网为基础的。

4．DDN网络的发展方向

网络设备在不断地更新换代，人们对新技术的应用不仅仅停留在单一网络的话音或数据传输平台，多媒体通信的应用正在普及。视频点播、电子商务、IP电话、网络购物等新应用正在推广，这些应用对网络的带宽、时延、传输质量等提出了更高的要求。DDN独享资源，信道专用将会造成一部分网络资源的浪费，并且对于这些新技术的应用又会带来带宽显得太窄等问题。因此，DDN网络技术也要不断地向前发展。从建立现代化网络的需要来看，现有DDN的功能应逐步予以增强，如为用户提供按需分配带宽的能力；为适应多种业务通信与提高信道利用率，应考虑统计复用；提高网管系统的开放性及用户与网络的交互作用能力；可以采用提高中继速率的办法，提高目前节点之间2 Mb/s的中继速率；相应的用户接入层速率也可大大提高，以适应新技术在DDN网络中的高带宽应用；可以使DDN网络平台成为一个多业务平台。除了目前已有的帧中继延伸业务和话音交换、G3传真业务外，还要采用最先进的设备和技术不断改造和完善DDN网，引入传输与交换、传输与接入等方面的变革，产生出具有交换型虚电路的DDN设备。积极地开展增值网服务，如数据库检索、可视图文等服务，由简单的电路或端口出租型向信息传递服务转变，为信息社会的发展作出更深层次的贡献。

4.11　数字同步网（DSN）

1．DSN概述

电信通信中的"同步"是指"电信号"的发送方与接收方在频率、时间、相位上保持某种严格的、特定的关系，以保证正常的通信得以进行。由于在电信网中传送的电信号的速度自每秒几赫兹到每秒几十个千万赫兹，所以这里所谓的"时间"至少是在毫秒（ms）级以下的"一瞬间"。在模拟通信网中的多路传输系统中的甲、乙两点间的载波电话终端机间的载波频率需保持同步，以保证音频通路中的端到端的频率差不超过 2 Hz；在数字通信网中传送的电信号是根据著名的"香农定理"对信息进行抽样、量化、编码后的二进制比特流，根据所传送的信息的频带宽度的不同还有其相应的比特率（即传输速率）。因此，要求数字网中的各种设备的时钟具有相同的频率，以相同的时标来处理比特流；也就是说，要求数字通信网中各种设备内的时钟之间保持同步。当通信网中数字化的比重相当大时，甚至达到100%时，要使网中每个数字设备的时钟都具有相同的频率实际上是不可能的，解决的办法是建立同步网。

2．DSN的结构

使数字通信网内的各个数字设备的时钟达到同步的方法有以下三种：

（1）全同步。将各个数字设备中的时钟经数字链路联接成网，网内配备一个或多个高精度的原子钟及其相应的控制系统，使网内的数字设备的时钟全都锁定并运行在相同的频率上。

（2）全准同步。数字设备均采用高精度的时钟独立运行，互不控制，相互之间的相对频差引起的滑动在指标限值内。

（3）混合同步。将数字通信网分成若干个子网，在各子网内部采用全同步，各子网间采用准同步。

根据以上三种同步方法可组成以下几种同步方式：主从同步方式、互同步方式、准同步方式、混合同步方式。

根据我国国标 GB12048–89《数字网内时钟和同步设备的进网要求》，我国数字同步网采用四级主从同步网结构。确定数字同步网中时钟等级的基本原则，是该时钟所在通信局（站）在数字通信网中的地位和在数字同步网中所处的等级。

第一级：是数字同步网中最高质量的时钟，是网内时钟的唯一基准，采用铯原子钟组。

第二级：具有保持功能的高稳定度时钟，可以是受控铷钟或高稳定度晶体钟。一级和二级长途交换中心（C1和C2）采用二级A类时钟，三级和四级长途交换中心（C3和C4）采用二级B类时钟。二级B类时钟应受二级A类时钟的控制。

第三级：具有保持功能的高稳定度晶体时钟，设置在本地网中的汇接局（Tm）和端局（C5）。

第四级：一般晶体时钟，设置在远端模块局和用户交换机（PABX）。

4.12　No.7公共信道信令网

　　"信令"是电话网中的一个专门术语,是电话网上的用户终端设备(电话机)与其接入的电话交换机之间以及网上各交换机(或交换局)之间互连互通的一种"语言",有随路信令和公共信道信令之分。CCITT(ITU-T)对其都有标准建议,为的是国与国间的互通,但是在各国内部可以根据自己的国情作适当的调整。在模拟电话网的环境下,随路信令是网中唯一的信令方式,又有"记发器信令"和"线路信令"的不同,它们都源于用户终端设备,即电话机。"记发器信令"的功能是指挥和控制交换机的接续,"线路信令"的功能是监视连接各交换机的传输线路(包括用户终端设备与其接入的交换机之间的用户线路)的状态(如忙、闲等),它们都沿着将要被接通的用于通话的话音信道上传送,因此得名随路信令。"记发器信令"和"线路信令"构成"随路信令系统",我国的随路信令系统称为"No.1 信令系统"。

　　随着交换机技术和装备的发展和进步,信令技术和装备也在不断发展和进步。公共信道信令系统就是在存储程序控制电话交换机大量应用后出现的新型信令系统,被原 CCITT 命名为 No.6公共信道信令系统。随着数字程控交换机的诞生、应用和发展,以及 ISDN、IN 的诞生、应用和发展,在 No.6 公共信道信令系统基础上发展起来的"No.7 公共信道信令系统"适应范围更广、功能更强,具有传送速度快、信令信息容量大、应用范围灵活,能够支持 ISDN、IN、PLMN 多种电信业务等特点,被 ITU-T 确定为国际性标准化的、先进的、通用的公共信令系统。

　　公共信道信令是将传送信令信息的信道与传送通话话音信息

的信道分离。

No.7 信令方式具有容量大、传递速度快等优点，一条 No.7 信令链路可传送千条以上话音信道（以下简称话路），建立电路连接和释放电路连接所需的信令信息。当电信网采用 No.7 信令方式后，除了原有的电信网外，还形成了一个 No.7 信令网。由于 No.7 信令系统采用了 OSI 的七层协议，功能强大，不仅支持电话网，而且支持电路交换的数据网、ISDN、IN、PLMN 等，还可以传送与电路无关的数据信息，实现网路的运行管理维护和开放各种补充业务。

No.7 信令系统的工作方式有三种：直连方式、准直连方式和全分离方式。

组成信令网的三要素包括：信令点（Signaling Point，SP）、信令转接点（Signaling Transform Point，STP）和信令链路（Signaling Link，SL）。

信令网可分为无级信令网和分级信令网两类。无级信令网无 STP，仅在小规模的电话网和信令业务量较小的网络环境下采用。分级信令网有 STP，被广泛采用。

我国 NO.7 信令网的三级结构如图 4-17 所示。

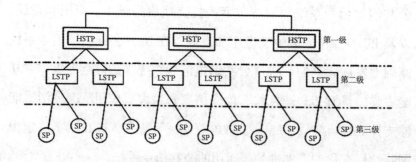

图 4-17　我国 No.7 信令网结构

第5章
本地电话业务

5.1 本地电话业务种类

1. 市内电话业务

市内电话是指在市、县或相当于县级人民政府所在地的城市市区或城镇区域以内，供电话用户相互通话和传递信息的电信业务。

市内电话是根据市、县或相当于县级人民政府所在地的城市市区或城镇区行政区划划定营业区域，作为市话的服务范围。在一个城市中，原则上只有一个市话营业区域。已与城市市区相连或相距较近的市辖郊区应划入城市市区营业区域以内，不再单独划定市话营业区域；但距离城市市区较远、中间非城市区地带在10km以上的市辖郊区市话机构，可以单独划定市话营业区域。

市内电话按照用户装用的设备和市话企业提供的服务项目分

为若干业务种类，包括普通电话（正机）、电话副机及附件、无绳电话、用户交换机或集团电话、分机、中继线、专线、临时电话及临时专线、公用电话、用户终端复用设备、租杆挂线、代维设备、程控电话服务项目、电话查号、移机、改名、过户、代办工程和选号等。

2. 农村电话业务

农村电话是指行政区划县以下（不含城区）的非办公电话，包括县境以内，县城至乡（镇）、村和乡（镇）、村之间通话的非办公电话业务。

按不同的服务范围、对象和业务性质，农村电话又分为区内电话和区间电话两类。区内电话指本地电话网同一营业区内用户间通话的农村电话业务；区间电话指两个或两个以上营业区之间通话的农村电话业务。营业区的划定按以下规定执行：固定电话的本地营业范围扩大到行政县（市），一个县（市）划分为一个营业区，在同一营业区范围内实行城乡通话费同价。

5.2 本地电话业务的基本处理过程

本地电话业务处理程序是电信工作人员必须掌握的基本操作规程，也是搞好对外服务、提高服务质量和服务水平，使电信业务工作有序、严密、高效地进行的有力保证。

5.2.1 装、拆、移机等业务办理的基本要求

办理装、移机业务，应根据用户性质，按照先重点后一般、先公用电话后普通电话、先移机后装机、同类用户按登记时间先后顺序的原则进行处理。重点用户是指党政军、气象、防汛等用户，具体范围由各公司按实际情况自定。为重点用户装移电话，营业下发的工作单应有明显的标志，其中对重点急办户装机，应按照领导指定的时限实行 24 小时服务。

装、拆、移机全过程，所有相关单位和工种的工作人员都要严格遵守服务纪律，即：不准向用户索取各种实物和钱款；不准以任何借口要求用户请客送礼；不准无工单施工私装私移；不准以任何借口刁难用户、中断通信；不准利用工作之便为自己或他人牟取私利。

电信营业部门开发的工作单是业务处理的主要依据，是电信部门下达通信任务的指令性文件，各相关单位必须严格执行，不得擅自改变工作单内容。电话装、拆、移机工作中，必须严密各工序、各环节间的工作单交接手续，做到交接清楚，并按分段时限对工作单运转进行管理，以加快装、拆、移机的速度。

各相关单位（工种）必须理顺业务处理程序，内部各工序应明确责任，紧密衔接、互相配合，做到工作有序，忙而不乱。

为了保证正常的工作秩序，必须严格营业后台、配线、配号工作场地出入制度，除勘察需要外，配线、配号工作人员不得直接接触用户。

所有营业人员，装、移机施所有营业人员，装、移机施工人员以及其他直接接触用户的工作人员，在工作中一律佩戴标志牌，

做到礼貌待人，文明服务。

5.2.2 装、拆、移机等业务处理流程

1. 装机业务处理

营业部受理用户登记后，应将用户的有关情况传送给配线工种，核对配线或勘察线路。有空余线的交由配号人员核配电话号码，然后由营业部通知用户交付手续费和工料费后进行安装；如暂不具备装机条件的，作待装用户登记。

说明：

（1）此处的装机以及下面的移机业务，除普通电话装、移机外，还包括公用电话、专线和交换机中继线等。

（2）如采用计算机综合管理系统，营业员将用户填写的业务登记单信息输入计算机，系统生成业务流水，打印校对单并请用户核对。

（3）若计算机当场配线配号失败，系统则将该用户列为待装状态，隔天打印查线清单。

（4）若计算机当场配线配号成功，或营业人工辅助指派线号成功，则通知用户缴费。人工辅助指派线号未成，则通知实查，时限 2 天；实查不具备条件的转为待装，同时发无线无号通知，请用户暂等，时限 3 天。

（5）用户付费后，当天确认，隔天转发工作单。

（6）用户提出取消新装，当天注销。

（7）开发占用局间中继线或程控模块局的装机工作单（包括电话和专线），应加开第二联分送相关分局测量室。

（8）用户数据在完工后，通过计算机接口或手工方式将工作单信息传送至报修、查号、号簿和账务中心等部门。

2．移机业务处理

营业部受理用户宅外移机登记后，应以书面形式将用户有关情况通知配线工种核对配线或勘察线路。若新址有空余线的，交由营业部通知用户交付工料费后，开发工作单一式三联；如暂不具备移机条件的，作待移用户登记。

说明：

（1）工作单第三联应在竣工后送查修。

（2）跨区移机需换号的，按一拆（拆机）一装（装机）办理。

（3）如采用计算机综合管理系统，营业员根据用户登记将用户信息输入计算机，系统生成业务流水，打印校对单并请用户核对。

（4）若当场不能指派线号的，系统则将该用户列为待移状态，隔天打印出清单。

（5）若当场指派线号成功，当天确认，并预约装机时间，隔天转发工作单。

（6）营业人工辅助指派线号成功，通知用户新电话号码和缴费。人工辅助指派未成,通知实查,时限2天;实查暂不具备条件的，发函通知用户办理暂拆，并转为待移，时限 3 天。

（7）凡人工辅助指派线号或实查具备条件的，确认及工作单转发延迟 3 天，以等待用户来公司办理"先装后拆"手续。用户来办理"先装后拆"手续时，当天确认隔天转发工作单。

（8）"暂拆"协议签订后，当天确认隔天转发工作单，原址拆机。当电信具备条件时，发函通知用户，按电话新装办法处理。

办理"暂拆"用户装机，应收回"暂拆"协议。

（9）用户提出取消移机，当天注销；移机退单必须在3天内处理。

3．拆机业务处理

拆机是指用户因违章、欠费或申请拆机等原因而进行拆除相应的电话设备的业务。营业部受理用户拆机登记后，开发工作单一式三联，由相关工种操作、施工和处理。

说明：

（1）用户申请拆机，必须到电信营业部门办理，填写《业务变更登记单》，同时提供机主身份证原件和附留复印件。单位用户须在《业务变更登记单》上加盖单位公章。用户申请拆机，必须结清通信费用才予以受理。

（2）用户因违章或欠费拆机的，对违章用户，市场经营部门根据业务规定直接对违章用户装机进行拆机，同时对拆机用户资料做好保存，以备查询。电信结算中心提供逾期欠费用户资料，直接对欠费用户进行拆机，同时提供因欠费拆机用户资料给市场经营部留底。

（3）开发占用局间中继线或程控模块局的拆机工作单（包括电话和专线），应加开第二联分送相关分局测量室。

（4）用户数据在完工后，通过计算机接口或手工方式将工作单信息传送至报修、查号、号簿和账务中心等部门。

4．电话改名、过户业务的处理

营业部受理用户要求改名、过户登记后，开发工作单一式二联。如改名、过户同时需要移机的，还须按移机的有关程序处理。

说明：

（1）用户办理改名、过户手续时，电信营业员必须查询用户有否欠费，若有欠费，在用户付清欠费后方可办理手续。

（2）用户办妥改名、过户手续至完成的最大时限为 24 小时。

（3）受理确认后，自动将工作单信息传发至查修、查号、号簿和账务中心等相关部门。

（4）改名、过户的验证手续按照规定的要求办理增删程控新业务的处理。

5．增删程控新业务的处理

程控电话服务项目的增、删、改业务在营业受理用户登记后，开发工作单一式两联。

6．普通电话改ISDN的处理

普通电话改ISDN业务按一拆一装处理，其处理流程与装拆机的处理流程大体相同，但应特别注意以下两点：

（1）电信营业人员审核业务变动单时，个人用户要验证其有效身份证件，单位用户要核查加盖的公章是否与填写的户名相同，并告知用户普通电话改 ISDN 业务要更换新号码。

（2）核对用户所填写的户名、地址与营业厅留存的原普通电话用户卡片、户名、地址及月改年其附件是否相符，相符后在电话用户卡片后注清。

5.3 公用电话业务与用户交换机和集团电话业务

5.3.1 公用电话业务

公用电话是指经当地电信部门批准同意，设置在城市街道、公共场所、居民住宅区以及农村乡镇、公路沿线等地，供用户使用并按规定收取通信费用的电话设施。公用电话是社会公用基础设施的组成部分。电信企业应依靠当地政府和相关部门的支持，全面规划、合理布局，采取各种有效措施发展公用电话，并加强日常管理。同时，积极采用新技术、新设备，不断提高公用电话的服务水平。

1. 公用电话的种类和业务范围

1）公用电话的种类

（1）普通公用电话：采用普通电话机加计费器，有人值守。其使用方法可分为三种：专供拨打去话使用，不接受来话；主要供拨打去话使用，并接受来话；既供拨打去话，又接受来话，还负责传呼受话人。

（2）投币式公用电话：采用投币电话机，无人看守，用户投足币值才能拨通电话，专供拨打去话，不接受来话。

（3）卡式公用电话：用户插进磁卡或IC卡才能拨通电话（免费特种业务除外），自动计费和收费。

2）公用电话的业务范围

公用电话可根据当地实际需要，办理下列业务的全部或一部分：

（1）本地网通话：供发话人与本地网内任何电话用户通话。

（2）来话传呼：在核定范围内传呼受话人、简单来话代传或接收寻呼等回话。

（3）兼办国内、国际长途电话，传真等。

2．公用电话的设置要求

公用电话应设置在方便公众使用的场所和地点。每个电信营业场所都应设置公用电话；机场、车站、码头、公路沿线、农村乡镇、宾馆、饭店、商场、医院、学校、旅游点及娱乐场所等处，应根据具体需要设置一定数量的公用电话；大中城市的繁华街道，每隔100m不少于一部公用电话；其他城市、乡镇及一般道路根据需要设置；每一城市应根据需要，设置一定数量的夜间应急公用电话。

机场、火车站等公共场所设置公用电话的位置由电信公用电话管理部门与有关部门商量选定。城市公共道路上设置公用电话需占用道路、土地或在房屋、桥梁、隧道等建筑物上附挂公用电话线路时，应争取当地政府及有关部门支持，作为社会公益基础设施允许无偿占用或附挂。

3．公用电话的管理

1）公用电话管理部门的主要职责

电信部门必须根据公用电话的数量和分布情况，建立健全公用电话管理机构，或指定管理人员负责公用电话的管理工作，其主要职责是：

（1）贯彻执行原信息产业部和地方关于公用电话管理的各项规定，做好公用电话的组织管理工作。

（2）根据城市发展规划和公众对公用电话的需求，做好公用电话的发展规划，落实年度放号计划。

（3）设置、调整公用电话网点，调整公用电话的传呼范围，增设各类电话卡销售点。

（4）有计划地定期对代办户进行访问，了解检查公用电话代办户执行规章制度、收费和服务情况，做好代办户的业务辅导工作，协助解决有关问题，并受理用户对公用电话服务方面的反映和申告，按规定处理违章服务。

（5）负责公用电话收入管理，确保应收费用全额回收。

（6）加强同有关部门的联系，总结交流公用电话的管理和服务经验，表彰先进，不断提高服务水平。

（7）为加强公用电话管理，提高公用电话服务质量，各电信企业可按一定比例从公用电话业务收入总额中提取公用电话管理费，用于组织开展公用电话竞赛，评比、奖励和印制公用电话业务宣传用品等。

2）公用电话代办人员的基本要求

公用电话代办人员应具有一定的文化程度并经企业培训后，按下列要求做好服务工作：

（1）遵守国家有关法规、法令，严格履行代办协议要求，自觉遵守通信纪律，认真执行公用电话各项规章制度。

（2）按规定收费标准及相关规定，正确地向用户收取费用，代收的费用必须在规定期限内交给电信部门。

（3）应负责保管和爱护公用电话机线设备，发现故障须及时通知电信部门修复。如系使用人损坏，代办户有权要求使用人照价赔偿或负担修理费用。

5.3.2 用户交换机和集团电话业务

用户交换机是本地通信网的重要组成部分，也是长途电话通信的始端和终端。根据原信息产业部的有关规定，电信部门应按照集中统一管理原则，设置用户交换机管理机构或指定专人管理，依靠地方政府和用户交换机单位的支持，做好用户交换机的管理工作。

1．用户交换机管理机构的主要职责

电信部门应根据用户交换机的容量和实际需要，按照定员标准，配齐专、兼职管理人员，明确职责，负责用户交换机业务技术管理工作。用户交换机管理机构的主要职责是：

（1）贯彻执行原信息产业部关于用户交换机管理的各项规定，切实做好用户交换机的组织管理工作。

（2）掌握用户交换机的设备和人员情况，抓好用户交换机的业务管理和技术维护工作，提高通信质量。

（3）组织技术业务协作活动，进行技术业务指导，提高用户交换机的管理水平。

（4）负责用户交换机人员的业务技术培训，提高用户交换机生产人员的技术业务水平。

（5）经常向用户交换机单位领导反映情况，提出改进意见，协助解决管理和技术业务上存在的问题。

（6）帮助新装用户合理建设用户交换机，并保证工程质量。

（7）制订用户交换机的管理制度，建立齐全的用户交换机管理资料，并根据变化及时进行增、删、改，确保资料准确；根据实际需要定期或不定期地制订和上报用户交换机统计报表。

2．用户交换机的技术管理要求

对用户交换机的技术管理，应按照固定电话的技术要求和有关规定进行管理，具体要求如下：

（1）用户交换机机线设备的质量和各项通信质量指标必须达到规定要求；新安装的用户交换机设备（包括交换机、电源、线路设备等）的工艺质量和技术标准、施工质量等必须符合要求；用户交换机中继线的配备必须达到规定标准，新安装的用户交换机中继线必须按规定标准配足。

（2）用户交换机单位的机线、话务人员必须按原信息产业部规定标准配备。生产人员的业务技术水平应达到"应知应会"的要求，能胜任本岗位的工作并持有相应等级的职业技能鉴定证书。

（3）用户交换机单位必须根据电信部门的要求和实际需要，建立健全各项规章制度和原始记录，并定期进行核对检查，保证资料准确、齐全。

（4）用户交换机的技术维护工作必须按电信企业的要求进行，落实考核指标，加强对维护质量的监督检查。

3．用户交换机的业务管理要求

（1）用户需要安装用户交换机，应在配置前向电信营业部门提出书面申请，说明所装交换机的容量、程式、连接方式、电源、附属设备、所需中继线对以及今后使用管理情况，经电信部门审查同意，双方签订协议后，方可办理。

（2）接入本地市话网的用户交换机设备，必须是经原信息产业部或其委托的有关部门鉴定合格，符合进网标准的定型产品；从国外引进的用户交换机，必须符合原信息产业部规定的技术标准，领取进网使用批文后方可连网使用。任何未经鉴定的非定型产品或不符合有关规定的产品均不得使用。

（3）电信部门应主动与申请安装用户交换机的单位联系，帮助和指导用户合理建设，选用合格的设备和器材，保证工程质量，避免返工浪费。

（4）用户交换机、分机、电源设备和宅内线路，由用户自行安装的，必须事先向电信部门提出设计方案，并符合原信息产业部规定的技术标准，经电信部门审批后方可施工；工程竣工后，须经电信部门验收合格后才能接装中继线。

（5）用户交换机占用电信网编号，直接进入电信交换机选组级，实行呼出、呼入自动接续的，必须符合以下规定：

① 用户纳入的电信网编号应结合用户发展规划，根据用户交换机的不同容量，分别采用占用电信网的百号组、千号群、分局号和汇接局号的编号方式进入公众网；

② 用户交换机与电信网应实行统一编号，用户编号应相对稳定，不要轻易变动，以避免由于改号而带来的无效呼叫和局部网的混乱；

③ 用户交换机的电话号码位数原则上应与电信网用户的电话号码位数相同。

（6）用户交换机所需中继线的数量应根据装有的分机数量

和话务量大小适当增减，但不得少于电信部门核定的最低数量，否则电信部门可拒绝接入电信公众网。

（7）用户不得自行将普通电话改作交换机中继线，也不得将中继线改为普通电话，如需变动必须向电信部门申请办理业务变更手续。

（8）用户交换机原则上只供用户单位内部使用，不能给外单位装设分机。个别单位需用电话，因电信部门暂时无法解决而要求装用用户交换机分机的，经电信部门批准同意，可与用户交换机单位联合给附近外单位装设分机；未经电信部门批准同意，用户交换机单位自行给外单位装设分机的，电信部门有权责成用户交换机单位限期拆除，逾期不拆者，电信部门可采取有关措施，直至停通中继线。

（9）电信部门的机械程式变更时，用户交换机及其中继设备必须按电信部门的要求作必要的技术改造。如用户不能按时改造或改造后电信部门认为不符合要求者，电信部门可拒绝接通中继线。

（10）为了保证全程全网通信畅通，用户交换机应配备具有一定技术、业务水平的机线维护人员、值机话务员以及专兼职管理人员。

4．Centrex集中式用户交换机

1）Centrex 的定义和优点

Centrex 是电信部门提供的一种集中交换业务，又称虚拟交换机，是在公网交换机上将部分用户划分为一个基本用户群，为其提供用户交换机（PABX）的功能，以及公众电信网的特有服务

功能。Centrex将原先建立在用户端的小交换机网纳入公网，以公网交换机来替代用户小交换机，具有小交换机所有的基本功能和公网中一些新业务的功能。对Centrex的用户来说，既节省了建立小交换机网所需的机房设备、维护人员等开销，又具有与公网同步升级的优点。

（1）组网灵活性。用户对通信的要求会随着业务的变化而变化，如果用Centrex业务，能够非常简单地增加或减少容量，灵活适应变化的要求，不浪费用户的投资。

（2）业务多样性。除了特定的Centrex功能外，公众电话网中普通用户所能使用的新业务和新功能也可使用，而不需要像用户小交换机那样，多增加一点业务功能就需增加投资。

（3）技术同步性。由于用户小交换机技术进步很快，一般说来，半年左右原有产品就得改进，因此用户要升级就需要另外花钱；而Centrex则不同，随着公网的交换、传输技术的进步，用户也得到了免费的技术升级。

（4）维护专业性。由于用户小交换机是用户自己投资设备、自己维护，遇到重大问题时处理就比较困难；而Centrex用户则不然，电信企业技术力量雄厚，能使用户享受到专业级服务，迅速及时地解决问题。

（5）费用经济性。采用Centrex，用户不需投资机房、空调、电源、交换机等费用；在运营过程中可节省交换机、空调、照明等日常消耗及维护费用；当技术改进时，可以进行免费升级。

2）Centrex基本业务性能

（1）Centrex专用网内部的呼叫只要拨内部的分机号即可，分机号与外线号既可相同也可不同。每门分机均有两个号码，一个为 8 位号码，用于呼入呼出；另一个为 4 位分机号码，用于内部呼叫。Centrex 分机号的 8 位号码，前 4 位是局号，后 4 位是用户号。拨打外线时，采用加拨一位外线代码一次直接拨号；拨打内线时只需拨打 4 位用户号码。

（2）Centrex 对已使用的业务会使用特殊提示音，在登记新业务后，无论拒绝或接受该操作，系统都会放出一段录音提示。

（3）缩位拨号，允许用户将常用号码以 1～2 位数字代码储存在交换机中，能非常迅速方便地接通所需的电话。

（4）热线电话，用户在提起话机（不拨号）一定时间内可自动接通 Centrex 网内或网外用户，也可设定成一摘机就接通预定号码。

（5）可根据用户要求对呼入呼出权限进行限制定义。对虚拟交换机中的任一部话机的通话权限可进行修改，如开通或关闭国际、国内功能，限制呼出等。

（6）呼叫转移：可分为无条件转移、久呼不应转移和遇忙转移，用户可根据需要将电话接至不同地点。

（7）遇忙回叫：Centrex 网内用户拨打网内或网外被叫，如是忙音，该用户设定遇忙回叫功能后，当被叫结束通话，主被叫用户会同时报铃，双方摘机即可通话。

（8）呼叫转接，即用户 A 拨打用户 B，通话后由 B 转到 C，A 与 C 通话。

（9）呼叫等待或三方通话，允许主叫用户把正在通话的一方暂时中断通话（并不挂机），再接受或建立另一方呼叫，并可切换分别和任何一方通话，也可合并成三方通话。

（10）立即计费，能提供多种类型的计费提示，以方便用户的计费。

（11）可根据用户要求使Centrex网内任一部或几百部话机作为话务台使用。对没有话务员的单位，在忙时或夜间，可将内部的呼叫全部接至指定分机（即话务台）转接。

（12）恶意呼叫识别，设定此功能后即可知主叫号码。

（13）免干扰服务，即任何电话都不接。

（14）叫醒服务，即根据需要设定时间，电话自动振铃。

3）Centrex的资费标准（仅供参考）

（1）工料费和手续费：

① 新装和迁移Centrex分机，按普通电话标准收取工料费和手续费；

② 拆小交换机或普通电话改接Centrex，需要进行工程建设的收取改接工程工料费，不需进行工程建设但需重新布线的免收工料费和手续费；

③ 群内呼叫改群外呼叫或群外呼叫改群内呼叫，不需要移机的不收工料费，若需移机的加收工料费；

④ 普通电话与Centrex分机互改，原址改接不需重新布线的免收工料费，只收手续费；需要重新布线的，按普通电话移机资费标准加收工料费；非原址改接，工料费和手续费按普通电话移机资费标准收取。

（2）月租费和通话费：

① Centrex分机的月租费，不分群内群外每门每月按当地办公电话标准收取，无免费通话次数；

② Centrex分机群内呼叫不计通话费，群外呼叫按公布的本地通话费标准和长途通话费标准收取；

③ Centrex分机用户开通程控新功能，其开户费和使用费参照普通电话程控新业务资费标准收取。

5.4 程控电话服务项目

程控电话交换机除向用户提供基本通话服务外，还具有能满足用户不同需要的多种服务功能。这些新的服务功能的使用，有利于方便用户，提高用户工作效率和电话接通率，从而提高电信服务质量和企业经济效益。

1. 缩位拨号

缩位拨号是用1～2位自编代码来代替位数较多的电话号码，可用于拨叫市内（本地）电话，也可用于拨叫国内、国际长途直拨电话，减少拨号时间，便于记忆，减少差错。

业务使用方法：

（1）登记。拿起话机听筒听到拨号音后，按"*51*AN*TN#"（*和#是双音频按键话机的特殊功能键，下同）。其中，AN为用户自编的2位缩位代码；TN为缩位代码所代表的电话号码，即需要缩位拨号的电话号码。完成上述操作后，听筒中将传出证实语音，告诉用户登记已被接受或未被接受。若未被接受，需重新登记。例如，要将甲的电话83456789设为02，拿起话筒，顺序按"*51*02*83456789#"即可。

（2）使用。拨叫某一已经登记缩位拨号的电话号码时，拿起听筒听到拨号音后，只需按"**AN"即可。以上面甲的电话83456789为例，需拨打甲的电话时，只需拨"**02"。

（3）注销。需将某一已登记缩位拨号的电话号码注销，拿起听筒听到拨号音后，按"#51* AN#"，听筒中将传出证实语音，说明此项业务已被注销。如需将某一原已登记缩位拨号的电话号码注销，另行登记新的电话号码，可用以新抹旧的办法进行登记，AN 缩位代码不变。

2. 热线服务

热线服务又称"免拨号接通"，是把最常用的对方电话号码置成热线，使用该项服务时，摘机后在规定时间内不拨号，就会自动接通预先设定的"热线"电话号码。一个用户所登记的热线服务只能有一个被叫用户，但可随时改变。已登记了热线服务的电话，照常可以拨叫和接听其他电话，只是在拨叫其他电话时，须在摘机后 5 秒钟内拨出第一位号码。

业务使用方法：

（1）登记。拿起话机听筒听到拨号音后，按"*52*TN#"，其中 TN 表示用户所设置热线的对方电话号码。完成上述操作后，听筒中将传出证实语音，告诉用户登记已被接受或未被接受。如未被接受，需重新登记。

（2）使用。若要与已登记的"热线"联系，拿起话筒不用拨号，5 秒钟后就会自动接通对方电话；如要拨叫其他电话号码时，应在拿起听筒听到拨号音后 5 秒钟内拨出第一位号码。

（3）注销。拿起话机听筒听到拨号音后，按"#52#"，听筒中将传出证实语音，说明此项业务已被注销。

说明：如要改变所接通热线的对方电话号码，只需在话机上重新登记即可，不需先取消再登记。热线服务与呼出限制同时使用时，注意呼出限制 K 值不要与热线服务相矛盾，如 K 值为1，又设置了一个本地电话为热线，此时热线服务无效。

3．呼出限制

呼出限制又称"呼出加锁"、"发话限制"。使用该项服务功能，可根据需要限制该话机的某些呼出。呼出限制的类别分为三种：限制全部呼出（$K=1$），包括本地电话的呼出，但110、119特服号码除外；限制呼出国际和国内长途自动电话（$K=2$），不限制本地电话；只限制呼出国际长途自动电话（$K=3$）。

业务使用方法：

（1）登记。拿起话机听筒听到拨号音后，按"*54*SSSS*K#"。其中，K代表呼叫限制范围的类别，$K=1$时，限制除110、119紧急呼叫外的所有呼出；$K=2$时，限制国内和国际长途呼出；$K=3$时，限制国际长途呼出。SSSS表示用户向电信部门申请的密码，由 4 位数字组成。完成上述操作后，听筒中将传出证实语音，告诉用户登记已被接受或未被接受。若未被接受，需重新登记。登记被接受挂机后，相当于给电话加了电子密码锁。

（2）注销。需要恢复对外拨叫时，拿起话机听到拨号音后按"#54*SSSS#"。完成上述操作后，听筒中将传出证实语音，告诉用户此项业务已被注销。注销被接受挂机后，相当于给电话解锁，再摘机打电话将不受限制。

4．闹钟服务

电话机可按用户预定的时间自动振铃，提醒用户要办的事。使用闹钟服务，可使电话机起到"闹钟"的作用。若在预定时间话机正在使用，该功能自动注销。

业务使用方法：

（1）登记。拿起话机听到拨号音后，按"*55*HHMM#"，其中 HH 为 2 位小时数 00～23；MM 为 2 位分钟数 00～59，时间采用 24 小时制。例如早晨 6 时 30 分，HHMM 应为"0630"；晚上 10 时 6 分，HHMM 应为"2206"。完成上述操作后，听筒中将传出证实语音，告诉用户此项功能已可使用。此项服务可多次登记和登记多个时间，但登记的起闹时间和登记时间至少要相隔 10 分钟。

（2）使用。闹钟服务是一次性服务。到了预定时间，用户的电话机将自动振铃，拿起听筒即可听到提醒语音，挂机后此次服务自动取消。如响铃时间已达 1 分钟无人接听，铃声即自动终止，过 5 分钟再次响铃 1 分钟；如两次响铃仍无人接听，此次服务即自动取消。

（3）注销。需要注销登记预定时间，听到拨号音后按"#55#"。完成上述操作后，听筒中将传出证实语音，告诉用户此项业务已被注销。

5．遇忙记存呼叫

遇忙记存呼叫表示当被呼叫的用户"忙"（电话号码占线）时，该被叫用户电话号码会被记存，再次呼叫该用户时，只要拿起听筒，不必再拨号，等待 5 秒钟，如果这时呼叫用户空闲，即可自动接通电话。此项服务只可登记一个对方电话号码，并且只能在 20 分钟内有效。

业务使用方法：

（1）登记。当拨叫的对方电话遇忙时，在话机上按 R 键，听到拨号音后按"*53#"。完成上述操作后，听筒中将传出证实语音，告诉用户登记已被接受或未被接受。如未被接受，需重新登记。

（2）使用。拿起听筒听到拨号音后，不用拨号，等待 5 秒钟后对方电话空闲即可自动接通。如登记后需要拨叫其他电话时，听到拨号音后必须在 5 秒钟内拨出号码第一位。

（3）注销。如在登记后的 20 分钟内不想使用，需要注销时，拿起话筒听到拨号音后按"#53#"即可。

6．免打扰服务

免打扰服务，又称"暂不受话服务"。当用户在某一段时间里不希望有来话干扰时，可以使用该项服务。用户登记该项服务后，所有来话将由电信公司代答，告诉对方现在请不要打扰，但用户的呼出不受限制。

业务使用方法：

（1）登记。拿起话机听筒听到拨号音后，按"*56#"。完成上述操作后，听筒中将传出证实语音，告诉用户登记已被接受或未被接受。如未被接受，需重新登记。登记后需要拨叫其他电话时，拿起话机听筒听到拨号音后必须在 5 秒钟内拨出电话号码的第一位。

（2）注销。听到拨号音后，按"#56#"。完成上述操作后，听筒中将传出证实语音，告诉用户注销已被接受。

免打扰服务不能和转移呼叫服务、呼叫等待服务、闹钟服务、缺席用户服务和遇忙回叫服务等业务同时使用；如同时使用，将优先执行免打扰服务。

7. 转移呼叫

转移呼叫也称"电话跟踪"，可以将所有呼叫该话机的电话自动转移到预先或临时指定的话机上。目前开通的转移呼叫分为无条件转移、无应答转移、遇忙转移三种。

（1）无条件转移。当用户有事外出时，为了避免耽误接听找用户的电话，可在用户的话机上进行设置，将用户的电话事先转移到临时去处的电话或手机上，一旦有电话找用户，即可自行转移到临时去处的电话或手机上。

（2）应答转移。当用户外出时，如有电话打入而用户无法接听时，来电可在振铃一定时间后转移至用户指定的电话或语音信箱上。

（3）遇忙转移。当用户的电话正在使用时，如有电话打入，打入者将听到忙音，用户也无法接听。如用户不希望失去这个来电，可预先在话机上进行设置，使来电转移至用户指定的电话或者语音邮箱上。

业务使用方法：

1）无条件转移

（1）登记：拿起话机听筒听到拨号音后，按"*57*TN#"。完成上述操作后，将传出证实语音，告诉用户此项业务已可使用。

（2）注销：听到拨号音后，在已经设置转移呼叫的话机上，按"#57#"。完成上述操作后，将传出证实语音，告诉用户该项服务的注销已被接受，否则重新操作。

2）无应答转移

（1）登记：听到拨号音后，按"*41*TN#"。完成上述操作后，将传出证实语音，告诉用户此项业务已可被使用。

（2）注销：听到拨号音后，在已经设置转移呼叫的话机上按"#41#"。完成上述操作后，将传出证实语音，告诉用户注销已被接受。

3）遇忙转移

（1）登记：听到拨号音后，按"*40*TN#"。完成上述操作后，将传出证实语音，告诉用户此项业务已可使用。

（2）注销：听到拨号音后，按"#40#"。完成上述操作后，将传出证实语音，告诉用户注销已被接受。

说明：此项业务不能和呼叫等待同时使用，如同时使用，将优先执行遇忙转移。

8．呼叫等待

呼叫等待，即当用户正与对方通话时，如有第三方用户呼叫，用户可以根据需要选择与其中的一方通话，并保留另一方，稍后再与其通话。

例如，用户 A 与用户 B 进行通话时，用户 C 打入用户 A 的电话，在用户 A 和 B 的电话机中都会传出"嘟、嘟"的特殊提示等待音，用户 C 的话机中会传出回铃声。用户 A 可让正在通话的用户 B 稍等，转而接入用户 C 打进的电话；当用户 C 的电话接通后，可先让用户 C 稍等，再切换回与用户 B 的通话。

业务使用方法：

（1）登记。拿起话机听筒听到拨号音后，按"*58#"。完成上述操作后，电话听筒中将传出证实语音，告诉用户登记已被接受或未被接受。如未被接受，需重新登记。

（2）使用。用户 A 与用户 B 进行通话时，用户 C 打进用户

A 的电话，用户 A 和 B 的听筒中会听到"啪、啪"的等待音，用户 C 听到回铃声。此时用户 A 可有如下三种选择：

第一种：拒绝用户 C 呼入，在话机上按 R 键，没 R 键的可拍一下叉簧，听到拨号音后，再按 0 键切断用户 C，保持原来通话，或者不作任何操作，超过 15 秒钟等待音自动消失；

第二种：保留用户 B，改与用户 C 通话，在话机上按 R 键，没 R 键的可拍一下叉簧，听到拨号音后，再按 2 键；

第三种：结束与用户 B 的通话，改与用户 C 通话，在话机上按 R 键，没 R 键的可拍一下叉簧，听到拨号音后，再按 1 键。

（3）注销。听到拨号音后，按"#58#"。完成上述操作后，听筒中将传出证实语音，告诉用户注销已被接受或未被接受。

（4）说明。呼叫等待不能和遇忙回叫以及遇忙转移同时使用；如同时使用呼叫等待和遇忙转移，将优先执行遇忙转移。

9．遇忙回叫

使用遇忙回叫服务，当拨叫对方电话遇忙时，可以挂机等候，不用再拨号，一旦对方电话空闲即能自动回叫接通，与用户通话。

业务使用方法：

（1）登记。当拨叫对方电话遇忙时，在话机上按 R 键，没 R 键的可拍一下叉簧，听到特殊拨号音后按"*59#"。完成上述操作后，听筒中将传出证实语音，告诉用户登记已被接受或未被接受。如登记已被接受，可挂上听筒稍候；如未被接受，需重新登记。

（2）使用。用户登记后挂机等候，当对方电话空闲时，将先行向空闲主叫用户振铃，待主叫用户拿起听筒后，再向对方电话振铃，待对方有人接听时即可通话。如主叫用户电话回叫振铃超过 1 分钟无人接听，或者回叫时恰逢正在通话，此项服务即自动取消；当用户在话机上使用遇忙回叫后，如 10 分钟内对方仍不挂机，此项服务也自动取消。如登记后需要拨叫其他电话时，拿起话机听到特种拨号音后必须在 5 秒钟内拨出电话号码的第一位数码即可。

（3）注销。听到拨号音后，按"#59#"。完成上述操作后，听筒中将传出证实语音，告诉用户注销已被接受或未被接受。

10．三方通话

使用三方通话服务，当用户与一方 A 通话时，如需要另一方 B 加入通话，可在不中断与 A 通话的情况下拨叫出第三方 B，实现三方共同通话或分别与两方通话。此项服务在用户申请时已由电信程控机房直接输入登记，用户在使用前无需登记，使用后也无需注销。

用户使用此项服务时，如需包括用户在内的三方同时进行通话，须在摘机听到拨号音后先拨 A 的电话号码，接通后拍叉簧或按 R 键，再次听到拨号音后再拨 B 的电话号码，接通后拍叉簧或按 R 键，即可进行三方通话。

如用户不慎操作有误时，只要按"#53#"，即可取消当时输入的某一方的电话号码。

11．缺席用户服务

缺席用户服务，即当用户外出而有电话呼入时，可由电信公司提供语音服务，替用户代答，以避免对方反复拨叫。

业务使用方法：

（1）登记。拿起话机听到拨号音后，按"*50#"。完成上述操作后，听筒中将传出证实语音，告诉用户登记已被接受或未被接受。如未被接受，需重新登记。

（2）注销。拿起话机听到拨号音后，按"#50#"。完成上述操作后，听筒中将传出证实语音，告诉用户注销已被接受或未被接受。

12．追查恶意呼叫

如果用户要求追查恶意呼叫的用户，则应向电信公司提出申请。经申请登记后，如遇恶意呼叫，用户可在话机上进行简单操作后锁住对方，电信公司即可查出恶意呼叫用户的电话号码。追查恶意呼叫服务的登记与使用是同时进行的。

当用户接到恶意电话时，在话机上按 R 键，没 R 键的可拍一下叉簧，听到特殊拨号音后，按"*33#"。完成上述操作后，电话中将传出证实语音，告诉用户登记已被接受。

每次操作设置只能查找一个恶意电话，如遇有再次呼入恶意电话需要查找时，仍需按上述方法操作。

13．会议电话

用户如需要通过电话召开小型会议，可以利用会议电话这项服务。此项服务有两种汇接方式：一种是由电信程控机房控制室人员进行人工汇接；另一种是用户登记，程控交换机自动汇接。在用户的控制下，可以自行通知其他各方协同参加会议，但参加的人数包括用户本人在内一般以 5 户为限（限S–1240）。

具有会议电话的用户要召开电话会议时，主叫用户拿起电话听到拨号音后按"＊53#"，再次听到拨号音后拨入会议电话的第一被叫号码，第一被叫摘机通话后，用户可拍叉簧或按 R 键，再次听到拨号音后再按"＊53#"，又一次听到拨号音后可拨第二被叫号码，第二被叫摘机可与主叫用户通话。用户再拍叉簧或按 R 键，听到拨号音后再按"＊53#"即可三方通话。如此循环，最多可完成五方通话。

会议电话结束挂机后，服务自动取消，不需进行注销操作。

该服务项目只能在双音频电话机上使用，脉冲话机上无法使用；如用户不慎误操作时，只要按"#53#"即可取消当时输入的一个对方电话号码。

14．来电显示

来电显示的专业名称为"主叫识别信息传送及显示业务"，是指在被叫用户的电话机上显示主叫号码等信息，以供用户查阅的一种服务项目。电话用户只需拥有一部具有显示主叫号码功能的话机，或在已有的双音频话机上连接一个来电号码显示器，即可享受此项服务。电话铃声一响，通过话机上显示的电话号码就能知道对方是谁。同时，具有此项功能的话机或显示器一般都具有号码存储功能，即可帮助用户存储日常使用的电话号码，以便用户有选择地回电。此服务具有以下特点：

（1）来电号码一目了然。当用户听到铃声时，主叫方的电话号码等信息将自动出现在显示屏上，用户可轻松确定来电者的身份，以决定是否接听电话，真正做到知己知彼，见"机"行事。

（2）无人接听，号码保留。在用户无法接听电话时，来电号码将被话机自动存储起来；当用户需要时，便可查询来电号码，以便及时给对方回电。

（3）匿名骚扰，一查就知。当用户接到匿名骚扰电话时，查阅电话记录即可帮助用户确定对方身份。

（4）存储号码，丰富及时。来电显示业务为用户及时、准确地存储来电号码，以方便用户的查询与回拨。

为简化起见，现将以上各种程控电话服务项目的具体操作设置方法列入表5-1和表5-2中。

表5-1 程控电话服务项目操作设置方法

服务项目	登 记	注 销
缩位拨号	*51*AN*TN#	#51*AN#
热线服务	*52*TN#	#52#
呼出限制	*54*SSSS*K#	#54*SSSS#
闹钟服务	*55*HHMM#	#55#
免打扰服务	*56#	#56#
无条件转移	*57*TN#	#57#
遇忙转移	*40*TN#	#40#
无应答转移	*41*TN#	#41#
呼叫等待	*58#	#58#
遇忙回叫	*59#	#59#
缺席用户服务	*50#	#50#
遇忙记存呼叫	*53#	#53#
追查恶意呼叫	*33#	自动注销

注：（1）AN代表用户自编的缩位代码；TN代表小时，MM代表分钟；K代表呼叫限制的范围代码，SSSS代表用户密码，"★"和"#"分别是话机上的按键。

（2）根据交换机型不同，各项业务的登记、使用和注销方法有所不同，如有疑问可致电客服中心咨询。

（3）程控电话服务项目的开放，因交换机型的限制，只能按其规定比例向用户开放。

同一用户可以同时输入但不能同时登记使用的程控电话服务项目，见表5-2。

表5-2　同一用户不能同时登记使用的程控服务项目

程控服务项目	国内长途电话	缩位拨号	热线服务	遇忙记存呼叫	呼出限制	闹钟服务	免打扰服务	转移呼叫	呼叫等待	遇忙回叫	三方通话	缺席用户服务	追查恶意呼叫	会议电话
国内国际长途直拨					*									
缩位拨号					*									
热线服务				*	*									
遇忙记存呼叫			*											*
呼叫限制	*	*	*								*			*
闹钟服务							*	*	*				*	*
免打扰服务						*		*	*	*			*	*
转移呼叫						*	*					*	*	*
呼叫等待						*	*							
遇忙回叫							*							*
三方通话					*								*	*
缺席用户服务						*		*	*	*				*

续表

程控服务项目	国内长途电话	缩位拨号	热线服务	遇忙记存呼叫	呼出限制	闹钟服务	免打扰服务	转移呼叫	呼叫等待	遇忙回叫	三方通话	缺席用户服务	追查恶意呼叫	会议电话
追查恶意呼叫							*	*				*		*
会议电话		*	*	*	*	*	*	*	*	*	*	*	*	

注：有"★"标志的，为不能同时登记使用的服务项目。各种制式的程控交换机情况略有不同，此表仅供参考。

5.5 号码携带业务

　　号码携带业务是电信公司推出的一种智能型电信业务，又称为移机不改号业务。它是指在一个本地网内，通过一个统一的智能平台提供数据处理，使用户的电话移机后保留原有电话号码不变，相当于电信公司给用户提供了一个永久号码。

　　以往用户跨区移机若需要使用原有电话号码，只能通过提供局间中继线越区解决，但由于局间中继线的限制往往不能满足。为解决这一矛盾，建设了 NP 平台，用程控交换机网络实现移机不改号功能，即号码携带。

1. 号码携带业务的功能和类型

　　号码携带业务有如下主要功能：

　　（1）号码翻译。当有人呼叫用户的移机前号码时，智能网能够主动将该号码翻译成为移机后的新号码，并进行接续。同样，当移机不改号用户使用去话功能时，智能网也能够将移机后的号码翻译成移机前号码进行接续。

（2）号码提示。本业务可以同时处理移机改号，其方法是当有用户拨打移机改号用户的电话时，通过播放提示音告知用户移机后的新号码。

（3）时间期限。对于用户申请的移机不改号和移机改号业务，均可以规定该业务的使用时间，超过这一时间的移机不改号用户将被自动视为移机改号用户对待，也保持一段时间。移机改号用户的时间期限到达后，将在数据库中删除。

号码携带业务主要有三种类型，即业务提供者携带、位置携带和业务携带。

（1）业务提供者携带是指当用户从一个业务提供者改变到另外一个业务提供者时，用户可保留原有电话号码。例如，从中国移动转到中国电信，原有号码不变。

（2）位置携带是指允许用户在从一个永久物理位置移动到另一个物理位置时，保留原有电话号码不变。例如，成都一个用户从青羊区转移到锦江区，原有号码不变。

（3）业务携带是当用户从一种业务更换到另一种业务时，保留业务原有电话号码。例如，普通电话业务到综合业务数字网业务、普通电话业务到 ADSL 业务、固网业务到移动业务，原有号码不变。

由于号码携带业务涉及解决国内和国际编号计划分配的问题，目前还没有国家提供跨地区的号码携带业务，而仅限于本地开展，因此又称本地号码携带业务。加之我国"业务提供者携带"业务没有完全开放，以及"业务携带"在某种程度上还受到一定限制，所以本书所讲的号码携带业务主要指位置携带业务，即移机不改号。

2. 号码携带业务的开放范围

目前大多数交换机都已全部具备开放号码携带业务的能力。由于各地发展的不平衡，该项业务的覆盖面有所差别。

号码携带业务的适用范围包括：普通电话用户、ISDN用户、小交换机中继线用户以及Centrex用户。

关于号码携带业务开放范围有以下几点需要说明：

（1）由于交换机设备限制，对F-150、DMS-10交换机用户的中继线、ISDN、Centrex用户暂不受理号码携带。

（2）具有号码携带功能的用户办理移机，如果移进局的交换机是F-l50或DMS-10的，号码携带功能将自动取消。

（3）申请号码携带必须是在用的电话，凡已办理过"暂拆"手续的移机用户且已拆机，不能办理号码携带。

（4）申请号码携带的用户，不能同时申请先装后拆业务。

（5）具有号码携带功能的交换机引示号与具有号码携带功能的直线互改暂不受理。

3. 号码携带业务的实施

电信部门对号码携带的用户分配一个新的号码，同时保留移机前的原号码，所以一个号码携带用户实际上占用两个号码。其中，移机前的号称为"原号"，移机后的号称为"实际号"。原号一端，对普通直线而言只需保留号码，而不存在线路设备。

凡有电话呼至用户移机前的号码，由移机前所在电信部门采用重编路由或呼叫转移的办法转至NP：原号码电信部门为S-1240制式的，采用重编路由方式转至汇接局，再转至NP；原号码电信部门为F-150制式的，采用呼叫转移方式转出至汇接局，再转至

NP平台，由NP查得新号码后再转接出去。当然，事先必须将移机前后号码的对照输至NP，其具体实现方案可分为以下两种。

（1）临时方案。临时方案是在业务开办初期用户数量相对较少的情况下，为节约经济成本，利用现有电话网呼叫转移或远程呼叫转移的方法来实现号码携带业务。临时方案是很容易实现的，至少可以提供号码携带业务的部分功能。但是，由于使用远程呼叫转移时每个被叫用户实际都利用了两个电话号码，必然存在号码资源浪费的问题，同时有可能引起时延、呼叫阻塞等传输方面的一些问题。而且，号码携带业务的临时方案在固定网和移动网之间是无法实现的，也无法实现如虚拟专用网和Centrex这样的商用业务。利用数据译码进行路由重选呼叫是由英国提出的一个比较好的临时方案，因为通过数据译码就可以直接发送号码。当呼叫到达始发交换局时，在交换机内部给被叫号码增加6个数字的前缀，这个带有前缀的号码是唯一识别被叫号码现在所在交换局的代码。根据交换机提供的路由信息，可将呼叫重新选通到号码现在所在的交换局。因为交换机内部的交换能力非常有限，又不具有信令透明性，所以这种在原有电话号码上插入前缀的呼叫转移只是暂时的办法。

（2）长期方案。长期方案是可以利用基于交换机的数据进行路由重选，或利用在不同运营网络上基于智能网的数据进行重选呼叫，最终将全部利用智能网来实现号码携带业务的解决方案。利用智能网实现号码携带有两个基本方案：一个是在一个单独的运营网络中通过智能网实现号码携带，这个方案需要建立一个高性能的平台，在此平台上处理非常大的查询话务量；另一个是在业务控制点上建立一个全国的路由数据库，使所有的运营公司都可以接入此数据库，用以确定每个呼叫的路由。尽管这个方案在概念上看似简单，而且具有高度的灵活性，但它同时也提出了一系列有关组织、财政、竞争和安全的重要问题，还要面对与计算技术的需求和必要协议的开发有关的技术上的挑战。

5.6 其他电话业务

5.6.1 特种服务号码

特种服务号码是信息产业主管部门为方便用户，而在公众电话网上设立的提供特种电信服务专用的电话号码。特种服务号码是中国电信业专有的号码资源，它以号码短、业务表达性强、简明易记的特点，方便电信用户的使用。

1. 特种服务号码的分类

目前，我国特种服务号码根据其使用的性质和业务领域范围，可分为以下四种：

（1）社会特种服务号码，如匪警报警台号码110、火警报警台号码119、医疗急救台号码120、交通事故报警台号码122等。

（2）邮政电信社会服务特别号码，如中国邮政电话信息服务11185、中国电信客服中心号码10000、电话号码查询台114等。

（3）长途电话服务特别号码，如国际人工长途挂号台号码95115、国内人工长途挂号台号码95113和国际长途直拨话务员受付业务台号码108等。

（4）电信营业服务特别号码，如声讯人工信息服务台160、语音信箱服务号码166和计算机互联网业务接入码16300等。

2．电信特种号码编号计划

为适应电信事业快速发展的需要，促进我国多运营商市场环境下的公平竞争，保障各电信运营商和广大用户的长远利益，原信息产业部本着"方便用户使用、有效配置资源、促进公平竞争、满足长远发展"的原则，对原政企合一体制下电信网编号计划中不适应当前形势发展的部分进行了修改和调整，并借鉴发达国家和香港等地的经验做法，组织制订和颁布了《电信网编号计划（2003）》，对全国统一的特服电话号码作出了明确的规定。

（1）保持广泛使用的紧急业务号码，如匪警110、火警119、急救中心120、道路交通事故报警122、政府公务类号码123**及电话查号114不变。

（2）报时117、天气预报121分别调整为12117、12121。

（3）各基础电信运营商的客户服务号码扩展为5位，1000调整为10000（中国电信）、1001调整为10010（中国联通）、10050（中国铁通）、10060（中国网通），1860/1861分别调整为10086/10088（中国移动），并将原电话障碍申报（112）等人工半自动客服类业务合并至各运营商客服号码中。

（4）适应用户选择多运营商网络的需求，为各基础电信运营商规划了运营商标识码（CIC）：190（中国电信）、193（中国联通）、195（中国移动）、196（中国网通）、197（中国铁通）。收回300号码，原300电话卡业务一律采用CIC+300接入码。

（5）为促进增值电信业务的繁荣，为各基础电信运营商规划了以下号码：101（中国联通）、102（铁通公司）、116（中国网通）、118（中国电信）、125（中国移动）。

（6）互联网电话拨号上网业务接入码163、165、169分别调整为16300、16500、16388。

（7）179××统一作为IP电话类业务接入码，将原在此号段内的非IP电话类业务号码调整出来。

（8）中国邮政电话信息服务185调整至11185。

（9）无线寻呼号码126、127、128、129、191、192分别调整为95126、95127、95128、95129、95191、95192，而198、199暂维持不变。

（10）大量其他人工半自动业务号码也作了调整，如113、115调至95113、95115等。

5.6.2 电话信息服务业务

电话信息服务是利用电信网和数据库技术，集信息采集、加工、存储、传播和服务于一体，通过电话向社会提供综合性、全方位、多层次的信息咨询的服务业务。一个电话信息服务系统可以包括本地或跨城市、跨省的若干个用户信息库子系统和若干个电话信息服务台，它们与中心用户信息库通过公用电信网连接，用户通过任何一个电话信息服务台均可得到该系统内的所需语音信息。

电话信息服务最早出现于英国，至今世界各国和地区都开设了这项业务。我国是在1987年7月在上海建立了第一家电话信息服务台，目前在全国所有城市都建立了电话信息服务台，并实现了全国联网。

电话信息服务作为一项固定电话网增值业务，属于开放经营的电信业务范围，所以要求加强与社会广泛合作，促进更多、更好的信息上网，满足社会各层次用户对信息的需要。

1．电话信息服务的业务种类

电话信息服务业务分为人工和自动两种类型，它们的特服电话号码分别是 160 和 168。

（1）人工电话信息服务。人工电话信息服务是由话务员通过终端检索为用户提供语音形式的信息查询服务。使用方法为：用户首先在电话机上拨"160"，当话务员应答后，即表明已接通人工电话信息服务台，然后用户可根据需要有重点、有针对性地向话务员咨询。如果用户查询的问题是现有信息库里没有的，话务员可请用户留下姓名和电话，经过后台查询后将结果通知用户。话务员可对用户所需查询的信息进行详细讲解，用户对于不清楚的问题可反复询问。160信息服务台除了通过话务员提供各类咨询服务外，还建立了专业分台，向用户提供各种专业性较强的咨询服务，如法律咨询分台、心理咨询分台、商业信息分台等。

话务员根据用户所查信息情况的不同有三种方式回复用户：将信息口述给用户；选择自动声讯信息库，直接播放系统的自动信息录音；转接专家咨询，该项业务专业性较强，一般有两种方法，一种是由专家通过口述方式在现场回答用户，一种是将专家查询呼叫自动转接至专家的电话。

（2）自动电话信息服务。自动电话信息服务是通过自动声讯服务台，由用户自己通过电话机查询所需的信息。自动电话信息服务由计算机控制，利用计算机全天候24小时提供丰富有趣的节目，或帮助解决许多问题。使用方法为：用户在任意一部双音频电话机上拨"168+信息代码"，168台会自动播放语音，用户根据语音提示在电话机上进行操作，直到查到所需的信息内容。具体信息代码可向当地电信营业部门索取有关使用手册或打160或16800000查询。例如，某用户想了解如何办理临时身份证，经向160台查询得知这类信息的自动声讯服务代码为12108。这时，用户只要拨16812108，立刻就可以知道怎样办理临时身份证的信息。

2．电话信息服务的信息种类

信息分为全国统一信息和地方自编信息。全国统一信息的内容是统一制作的；地方自编信息的标题是统一的，而内容则由当地制作，例如本市天气预报的内容是当地的天气预报的内容。用户如想对实行全国统一信息编码城市的168台进行异地信息查询，可通过长途电话拨入"区号+168*****"的具体信息号码即可。

现在各类信息已分别建立了数据库，内容质量和数量都在不断提高。社会生活中所需的各种信息基本上都可以满足。当用户生活中遇到了问题或想要得到某些信息，只要拿起电话拨 160 或168 就能得到用户所需的信息。信息的范围不仅有本地的各种信息，通过联网还可以获得全国各地，甚至国外的有关信息。

1）一般服务

目前，电话信息服务的基本咨询业务范围有四大类的信息。

每一大类的信息都建有若干相关的数据库，分门别类，并且经常更新。电话信息服务的信息种类及内容如表5-3所示。

表5-3 电话信息服务的种类及内容

公益类	普通类	经济类	特殊类
国内外信息摘要	法律咨询	金融保险	证券行情
社会福利	政策规定咨询	国际贸易	人才交流
办事及公开电话	求学指南、旅游	涉外经济	挂失、寻人
邮电业务宣传	科技	商业交易及行情	跳蚤市场
消费指南	体育运动科普知识	生产资料市场及行情	希望工程
	青少年专题儿童天地	工业概况	专家信箱
	餐饮、美食	农林牧渔	点歌
	家政百科	企业及企业管理	电台、电视台、报刊
	医疗、保健	交通运输	动态信息
	文化艺术		
	婚姻、恋爱、家庭		
	服饰美容与社交礼仪		
	心理咨询		

2）特种服务

（1）人工信息服务台特种服务

人工信息服务台除了通过话务员提供咨询外，还可提供非话信息服务，具体包括：

① 微机终端的远程查询服务。市话网上的微机终端用户用键盘作查询160台数据库信息，通过远程通信子系统和台内通信子系统进入数据库子系统，采用用户号和密码方式打开数据库，进行不同的操作以查询不同的信息。系统可根据用户的不同级别开放不同级别的数据库。

② 可视图文远程查询服务。市话网上可视图文终端客户查询

160 数据库信息，操作键盘后，经市话网通过可视图文接入设备 VAP，分组网进入远程通信子系统和可视图文子系统，把数据库子系统的信息转换成可视图文格式，供可视图文终端查询。

③传真机远程查询服务。市话网上的传真终端用户索取详细文字、图表信息时，台内传真工作台通过通信子系统检索数据库信息，并把信息传送到用户传真终端。系统能向索取同种信息的多个客户终端采用广播方式发送传真信息，还能向索取不同信息的用户传真终端采用排队方式批量发送传真信息，向索取相同信息的多个用户传真终端采用广播方式发送传真信息。

（2）自动信息服务台特种服务

自动信息服务台的特种声讯服务包括定时呼叫、点歌、广告牌、交费、猜谜等。

①定时呼叫：当用户有事需要提醒时，可以利用信息台提供的定时呼叫服务，将按用户指定的时间在指定的电话机上振铃提示用户。使用方法：用户拨通168台听到接通提示音后，键入定时呼叫服务特别代码，信息台将提示用户键入相应的日期、时间及电话号码，按提示操作完成后，信息台将提示用户录入相应的提示语，例如"起床了"或"到时间做某件事了"。录音完毕，挂机。这时信息台已记录下用户需要提示的时间及提示语，到指定时间相应的电话机就会振铃，用户接听电话后即可听到提示语，从而达到提醒的目的。

②点歌：在特别的日子里，用户可以通过信息台的点歌节目给亲人或朋友点歌，在用户所指定的时间、指定的电话机上，会收听到用户所点播的歌。使用方法：用户拨通168台，键入点歌服务特别代码，信息台提示用户键入相应的电话号码和所点歌曲

代码，并提示用户录入祝福语，将想要说的话录到信息台里。到了指定的时间，在用户所指定的电话机上将会收听到所点播的歌曲及祝福语。

③猜谜：利用电话信息台可以进行有趣的猜谜活动，例如流行歌曲竞猜。使用方法：用户拨通168信息台，键入竞猜排行榜的特别服务代码，信息台将提示上周流行榜排行前十名的歌曲及代号，以及本周新上榜的挑战歌曲及代码，并提示用户录入第一名、第二名、第三名流行歌曲代码。按提示将自己喜爱的歌曲代码键入到信息台，信息台将提示用户录入身份证号码、联系电话号码及答案密码。如果用户的提名选对了，又被抽为幸运猜手，那么就可以凭身份证及个人密码领取奖品。

④股票委托：在信息台，不仅可以通过电话收听到实时股票信息及专家股评，还可以用信息台直接与股票交易中心进行股票委托，做到"一机在手，胜券在握"。使用方法：拨通168信息台及股票委托特别服务号码后，信息台将提示用户键入所要操作的股票代码，以及要卖出还是买入、需要买卖的数量、银行账号及交易密码等。经确认后，即可实现股票委托，方便快捷。

⑤交费通知：方便缴纳水电费、煤气费、电话费等，省去排队等待的烦恼。使用方法：拨通168信息台，键入相应收费服务的代码，信息台将提示用户输入用户代号，按提示操作后，信息台将告知用户本月应交费用，并提示是否立即交款；若要立即交款表示确认，信息台将提示用户输入银行账号及密码，只需按照提示操作后即可完成付费工作。

⑥广播通知：机关和公司在组织会议等时，可以利用信息台的广播通知业务进行通知工作，既快捷又简便。使用方法：拨通

168信息台，键入广播通知服务特别服务号码，信息台将提示用户选择通知哪一个组（Group），并提示用户输入录音密码，经确认后，用户可以录入通知话音；通知录入信息台后，信息台将依照用户指定的所有电话号码拨号，将通知告诉各部门。

⑦ 广告栏：168声讯台利用其影响广泛的特点，为用户推销自己的产品设立了收费低廉的广告栏。厂家可以通过广告栏将自己产品的特色、优点一一陈述，供客户查询。使用方法：需要查询的用户拨通168声讯台，键入所需商品类型代码，即可从信息台得知提供这类商品的厂家名称、地址及商品特点，并可与厂家直接联系。

5.6.3 语音信箱业务

语音信箱业务，即电信部门利用公共电话交换网（PSTN）开设的一种增值业务，可以满足用户使用个人电话作保密留言的需要。该项业务利用电话语音信箱系统向用户提供存储、转发和提取语音信息的服务项目，是一种通过电话完成信息投递、接收、存储、删除、转发和通知等功能的个人智能化通信工具。它将语音信息处理为数字信号，输入计算机存储器中，用户通过电话在存储器中存取信息，比使用录音电话更为经济和方便，并且保证使用者随时随地都能畅通无阻地拨通信箱。

普通电话只能实时地提供话音的发送和接收，一旦遇忙或被叫不在则无法完成信息交流；语音信箱业务则可在不能（或不愿）直接通话时进行语音信息的传递、存储和处理，提高电话接通率，较好地解决电信运营部门的"疏忙问题"。同时，多功能、多用途的语音信箱以其十分广泛的应用范围，起到增强电信业务、刺激用户通信需求的目的，增加了电信业务收入，并能利用原有的公共电话交换网为用户提供多元化的服务。

1. 语音信箱业务的发展应用

语音信箱是随着计算机技术的高速发展和广泛应用，特别是与语音处理和信息交换等通信技术的密切结合，在电话服务领域内开展的一项业务。尽管它仅仅只有短短十几年的历史，但因为较好地满足了社会多层次、多样化的通信需求，因而受到各国用户的普遍欢迎。目前，全世界已有许多国家和地区开放了这项业务。

1）语音信箱系统的基本原理

语音信箱是电子信箱业务的一种，利用通信技术、计算机技术和数据库技术，通过电话网络将电话终端与语音信箱系统相连接，为电话用户提供语音的接收、存储和提取，传真的存储、转发以及其他多种服务等业务。它改变了长期以来电话只能提供实时和交互式语音通信的方式，开发出电话业务的潜在能力。

语音信箱系统的基本原理，是将公用电话网的模拟电话或数字电话的信号通过频带压缩，转换成数字信号送入主计算机的存储器存储，以备检索之用。

语音信箱系统应用语音合成技术，即实现语音的数字化存储与再生，通过对声音频率进行采样、量化和编码波形数字化法，采用 PCM、ADPCM 及 ADM 等方法实现声波的数字化，将连续的声波模拟量转化成数字信号。其通过将电话中的音频信号变化成数字化文件储存到磁盘上，并实现将磁盘中存储的已数字化的文件还原，从电话中播放出来，重现原来的声音。由于编码压缩的方式不同，所产生的数码率也不同，使信号所占用的存储容量也不同。随着语音编码压缩技术的不断发展，从节省磁盘存储空间的角度出发，可以选择多种采样速率。

2）语音信箱业务市场应用

语音信箱业务对于方便用户、提高电话接通率和改进服务质量起到了很大的作用，其市场应用范围十分广阔。

（1）固定电话网市场应用。每个固定电话用户都可以租用语音信箱，语音信箱与其电话一一对应。固定电话用户只需通过设置的信箱密码从信箱中提取他人所留下的语音信息，或者将信息留在他人的信箱中。全国广大的电话用户将是语音信箱发展的一大市场。

（2）集团电话业务市场应用。对于共用一部电话而又由于各种原因需要保持通信内容不被他人知晓的用户，可以在一个信箱下设多个分信箱，使各自保持通信独立。各分信箱用户通过自己设定的分信箱密码，确保只有自己才能进入分信箱提取留言信息。企事业单位、团体还可将语音信箱功能运用到生产运作和管理过程中，租用一批语音信箱进行生产组织。

（3）虚拟电话业务市场应用。没有电话而又需要与外界建立通信联系的用户，可以成为语音信箱的虚拟电话业务的用户群。语音信箱可以提供虚拟电话，用户向电信申请一个信箱号码租用语音信箱后，可通过任何一部电话来提取自己信箱内的语音信息。

（4）无线通信业务市场应用。语音信箱可以与无线通信系统互联，弥补移动电话由于处于忙区、信道拥塞或关机等原因造成的联系中断，而且一旦信箱中有新的留言，语音信箱系统可通知外出的移动电话用户及时提取，大大提高了电话接通率。

（5）声讯业务市场应用。语音信息服务业的发展促进了对语音信箱业务的巨大需求信息检索，提供商品信息、电话购物、广告宣传和咨询服务。

2．语音信箱业务种类

目前语言信箱业务包括以下两类：

（1）普通信箱。用于来访者给用户（信箱主人）留言，只有信箱主人才可提取信箱中的留言信息。普通信箱用户分两种情况，一种是普通电话网中的用户，另一种是非普通电话网中的用户；

（2）布告栏信箱。用于信箱主人向来访者发布信息，只有信箱主人才可在信箱中留言，还可根据需要设置查询权限检查密码，这类信箱主人可以为任何种类的用户。

3．语音信箱系统的主要功能

语音信箱系统的主要功能分为呼叫应答、虚拟电话、集团电话、用户留言传真信箱、传真存储、信息公告板等。同时，一个语音信箱号码下可带多个子信箱，这里暂称其为集团电话。

（1）呼叫应答。呼叫应答是语音信箱的基本功能，它可以在被叫忙或被叫缺席时自动接入被叫语音信箱，当听到信箱主人的问候语后，呼叫用户在语音指导下留言；语音信箱还可提示信箱的主人其信箱内已有留言。该功能为机关团体工作人员、公司及个体经营者、新闻单位、公安部门和企业的公众联系部门，在由于电话占线、临时外出或人员紧张和电话不足等因素而不能24

小时与公众建立通信联系时，提供了便捷的手段。

（2）虚拟电话。虚拟电话是为由于经济原因、电信部门号线不足、人员流动而不能安装电话但又急于希望与他人建立通信联系的用户提供的一种过渡性、临时性的通信手段。由于语音信箱用户不需要有固定的电话和电话号码，无论走到哪里，均可通过任何一部电话拨通自己的语音信箱号码并输入自己设定的本人秘码来使用自己的语音信箱。

（3）集团电话。集团电话通常是一个语音信箱号码下带多个子信箱（分信箱），各子信箱均有自己的密码。这是为解决多个用户共用一个信箱号码的问题，在主信箱号码下分设 1～9 个分信箱，分信箱有各自的信箱号、问候语和密码，分信箱号码长度为 1 位。

（4）用户留言。来访者可主动拨入信箱系统给信箱主人留言，信箱主人也可使用布告栏业务在信箱中留言，此外还具有自动应答留言功能，即根据信箱主人登记的"呼叫前转"功能将呼叫自动转移到信箱系统，同时将该信箱主人的电话号码传送给信箱。每个信箱（分信箱）的留言条数不少于 5 条，每条留言长度可达 1 分钟，定时邮送的留言长度可达 2 分钟。

（5）提取留言。信箱主人进入信箱系统提取来访者留言，并可对留言作如下处理：重听、保留、删除、转投和答复。末提取的留言的保存时长不少于 48 小时。

（6）听取布告栏。提供布告栏业务的信箱允许用户听取布告栏主人的留言。

（7）留言通知。一旦信箱中有新留言，信箱系统可根据要求通知信箱主人。信箱系统提供以下三种通知方式：

①由信箱系统通知信箱主人电话机所连接的交换机，当该用户话机摘机时，交换机将向用户传送录音通知，提示其信箱中存有留言（普通信箱中第二种用户和使用分信箱功能的用户不能使用此方式，但可采用其他两种方式）；

②通知信箱主人的自动寻呼机。每当信箱中有新留言时即通知信箱主人的寻呼机，寻呼机显示的号码为166/166PQR，信箱主人可按照规定的操作设置、修改寻呼机号；

③通知信箱主人指定的电话号码。当信箱中有新留言时，信箱系统将呼叫信箱主人指定的电话号码，通知其有留言。如首次呼叫失败，信箱将根据设定的尝试次数和时间间隔重新呼叫。

（8）定时邮送。信箱主人在信箱中录入留言，并设定留言投送日期、时间和受话人的电话号码。届时，信箱系统会自动呼叫受话人，如呼叫失败，信箱系统将再多次尝试邮送。定时邮送同时送达的电话号码可多达30个。

（9）设置／修改信箱参数。信箱主人（包括分信箱主人）进入系统可设置／修改自己信箱的部分参数，包括密码、个人问候语、留言通知方式、信箱使用状态。密码长度为4～15位，同一信箱系统中密码长度统一，问候语长度可达15秒。

（10）传真信箱。传真信箱是接收、存储、发送和提取传真信息的信箱。来电者可以通过使用传真机的电话直接拨打接入号码，如北京移动全球通用户的接入号码是13800100166，接通后按照引导语的提示即可发送传真。传真件被保留在传真信箱里，系统以短消息方式提示语音信箱主人有传真留言。语音信箱客户进入自己的信箱后，可按照引导语的提示提取传真。

（11）捕捉未留言者电话号码。主叫用户在留言提示"噗"声前或"嘟"声后两秒内挂机，语音信箱系统将自动捕捉主叫号码，并将主叫号码以短消息的方式发送到语音信箱主人的手机中。

（12）语言选择。语言选择包括短消息留言通知的中／英文选择；信箱主人提取留言时提示语的中／英文选择；来电者留言时提示语的中／英文选择。以北京全球通用户为例，语音信箱客户进入自己的信箱，按"3"选择修改信箱设置，按"5"选择修改服务语言。

4．语音信箱业务使用方法

1）固定电话语音信箱编号及使用方法

（1）语音信箱编号和操作程序：

① 业务接入码。语音信箱业务的接入码为特服号码166。在一个行政区域内一般只设置一个语音信箱系统，当在一个地区内设置多个信箱系统时，为接入不同信箱，需在信箱接入码166后加局号，即166PQR；

② 信箱号码。根据信箱容量确定信箱号码长度，一般为4~8位。在同一本地电话网范围内，信箱号码长度相同；

③ 信箱密码。信箱初始密码在用户登记时通知用户，之后用户可通过话机修改密码。如用户遗忘密码，可到电信营业窗口办理手续，重新分配一个密码；

④ 操作程序。本地用户先拨 166（或 166PQR）进入信箱系统，然后根据系统辅助导语提示进行操作。如果在异地进入信箱系统进行操作，用户拨号方法为"0+ 长途区号 +166（或 166PQR）"。

（2）语音信箱的具体使用方法：

① 启用166语音信箱。拨通自己的语音信箱号码，听到提示

语后在电话机上按 # 键，按提示语的要求在电话机上按键输入临时密码（订购信箱时电信部门提供的），把临时密码改成只有自己知道的个人密码，方法是输入这个密码，然后按 # 键，信箱将提示用户录入姓名（请读出自己的姓名），然后按 # 键，在信箱提示下录制欢迎词（可以录制各种欢迎词，例如"您好！我是***，欢迎您给我的语音信箱留言，我会尽快处理并与您联系"）；

② 进入166语音信箱。提取留言时，用户要以信箱订户的身份进入自己的信箱，具体步骤如下：拨通自己的语音信箱，拨166+语音信箱号码，接通后会听到播放的欢迎词，在欢迎词结束前按 # 键，表示你是语音信箱的主人，在听到提示后输入用户的个人密码就可进入自己的语音信箱。

（3）使用 166 语音信箱。用户进入语音信箱后将听到主选择项目单，可以选择收听、改变信箱功能或挂断。

① 收听信息。进入信箱后，可以按 11 键收听未听过的留言或按 1 键按顺序收听信箱中的所有留言。如在退出信箱之前收听新的留言，信箱将提示用户按 11 键收听新留言。收听一条留言的过程中和听完后，分别有若干操作可供选择，以实现控制留言播放、保存、删除或跳过一条留言等。

② 改变信箱功能，包括改变密码、信箱主人的名字和欢迎词等：

◆ 改变密码。启用信箱时用户已建立了自己的个人密码，替换了指定的临时密码。用户可以随时改变自己的个人密码，进入信箱后按 2 键，然后在语音提示下按l键，就可进行密码修改，改完后按#键确认。用户应尽可能建立一个易于记忆且不易被猜出的密码，并应经常改变密码及其长度，密码可长达 15 位数字，最少为 4 位；

◆ 改变信箱主人的名字和欢迎词。用户进入信箱后按 2 键进入改变信箱功能，并在语音提示下按 2 键进行姓名和欢迎词的修改。按 1 键录下用户的名字。它是别人向用户发送留言时用来核实是否是你的信箱。按 2 键录下欢迎词。这一简短的录音将在来话人给您留言之前播放给他们听。按 3 键控制在收听新留言之前，系统自动播放该留言的时间、日期等信息的功能。按 4 键改变留言通知方式。信箱可以通过电话通知用户有新的留言，用户可以按 1 键打开或关闭留言通知；按 2 键建立留言通知时所用的电话号码。

③ 166 语音信箱留言。用户给 166 语音信箱留言，可以像通常打电话一样，用任何一部电话拨叫某个 166 语音信箱的号码；接通后，首先会听到一段事先录制好的信箱主人的欢迎词，主人会报上姓名，欢迎用户给他留言；欢迎词播完后，语音信箱会自动引导用户在"嘟"声后给该信箱留言；留言完毕可以挂上电话，或者按照语音信箱的自动提示进行更多的选择操作，例如可以收听一遍刚才的留言是否合适得当，用户可以重新录制留言，甚至可以对留言加急，以便主人能够立刻收到留言通知。

2）移动电话语音信箱具体使用方法

（1）申请和设置语音信箱：

① 当用户要申请语音信箱功能时，只需在手机上拨接入号码 13800100166，进入语音信箱系统；

② 录制用户的问候语。用户的问候语在来电进入语音信箱时播放。依次按 3 和 1 键，根据语音提示就可以录音了。例如：

"您好！我是×××，我现在无法接听您的电话，请在'嘟'的一声后录下您的留言，我会尽快与您联系。"

③ 如果问候语录制满意后，根据语音提示确认即可；

④ 设置信箱密码。语音信箱的初始密码默认为"1234"。用户可以更换设置密码，以确保语音信箱的保密性。依次按3和4键，根据语音提示操作即可设置信箱密码。

（2）设置呼叫转移至语音信箱：

① 在手机呼叫转移菜单中设置信箱接入号，如北京地区是13800100166，即可将来电转移到语音信箱；

② 来电者首先听到用户的问候语，然后可根据语音提示录下他的留言；

③ 在开机状态下，用户的手机会收到短消息，通知用户有新的留言。

（3）语音信箱设置的参数：

① 系统为每个用户保留的留言条数不超过 10 条，每条留言长度在 1 分钟以内，收听过的留言保留 24 小时，未收听过的留言保留 72 小时；

② 系统为每个用户保留的传真总页数不超过 99 页，对传真的条数和每条传真的页数不作限制，对已提取的传真保留 24 小时，未提取的传真保留 72 小时；

（4）提取留言方式。用户使用本机或其他电话拨打接入号进入语音信箱，输入个人密码后提取留言。固定电话也可直接拨打语音信箱接入号直接给所呼叫的移动用户进行留言。

5.6.4 一号通

该业务为用户分配了一个唯一用户号码——个人通信号码（PTN），针对该号码的所有来话将被转接到指定的本地固定电话、移动电话、可直接播入的语音信箱等。一号通也称通用个人通信业务，是指基于 PSTN 的个人通信服务。

一号通的主要业务功能包括：

（1）临时转移。系统可根据UPT用户登记的临时转移号码来转移来话呼叫。

（2）按时间表转移。该功能可使系统按用户的时间表上登记的号码进行呼叫的转移。用户最多可以有10种日期类型（节假日、工作日等），每天最多可分 4 个时间段，时间可精确到分钟，每个时间段内最多可登记 3 个号码，各号码按优先级的高低次序排列，当优先级高的号码忙或无应答时可转移到优先级较低的下一号码，依次类推，直至最后一个号码。用户可通过话务员登记或修改时间转移表的内容。

（3）临时转移号码的遇忙前转／无应答前转。当用户登记的临时转移号码忙或无人接听时，系统将呼叫转接到另一个用户指定的前转电话上。

（4）来话密码。用户可以通过管理程序设置、修改及激活来话密码，密码为4～6位不定长。当主叫拨打UPT用户时，只有通过了密码检验，才能接通UPT用户。

（5）来话呼叫筛选。UPT用户可通过话务员的帮助来定义、修改来话呼叫地点的筛选（允许/限制呼叫），允许/限制某些区域的来话呼叫；用户最多可登记10个允许/限制码。允许/限制码可以是区号、局号或主叫号码。

（6）呼叫限额。用户可通过话务员来选择来话限额、不加限制，以及修改具体的限额额度。呼叫限额可以为日限额或月限额。一号通业务需要智能网络（Intelligent Network，IN）平台予以承载。

与一号通比较类似的是"同时振铃"，该业务允许电话用户任意指定两部电话终端，当其中的任何一部终端被呼叫时，两部电话终端同时振铃。"同时振铃"业务同样需要智能网络平台予以承载，由于与一号通比较相似就不再单独介绍。

5.6.5 个性化回铃音和背景音

个性化回铃音是近年来新兴起的一项业务，当被叫用户申请并设置了这项服务后，主叫用户拨打该用户的固定电话时，听到的回铃音不再是以前的"嘟嘟"铃声，而是特殊电话回铃音（如音乐、歌曲、故事情节、人物对话、广告或者是被叫用户自己设定的留言等）。该业务需要智能网络平台和软交换网络平台予以承载。其主要功能包括：

（1）默认回铃音功能。当用户申请了个性化回铃音业务后，系统给用户提供 1 条默认的回铃音。用户未设置更高优先级的个性化回铃音时，将为主叫播放默认的回铃音。用户可修改默认的回铃音，系统为用户保留至少 1 条默认回铃音。

（2）时间段分组功能。可针对不同时间段播放不同的回铃音。不同时间段可以是每天的不同时间段、每周／每月／每年的某天或某一段时期。未做设置时，默认为任何时间段。一天最少可以提供 4 个时间段，时间段不重叠。

（3）主叫分组功能。用户可以将电话号码（或区号、区号+局号等形式）划分为不同的组（组内可以是一个或多个号码），并选择不同的个性化回铃音分配给各组。此功能允许用户对已划分的组添加、删除组的成员。一个电话号码只能属于一个号码组。每个用户最少可以设置10个组，每个组最少可以设置10个号码。

（4）个人铃音库功能。用户将下载、自录制、赠送的个性化回铃音添加到用户的个人铃音库中，以把铃音分配到以上各种功能的铃音设置中。铃音库可存放的铃音数量不限。最少提供10首铃音的存储空间。用户对已添加到铃音库中的铃音拥有使用权，同一铃音可以被同时分配到多个不同的业务功能设定中。

（5）铃声下载功能。系统允许用户通过Web管理界面或电话方式下载业务提供商提供的铃音，并将铃音文档下载到用户的个人铃音库中。系统应提供灵活的查询方式帮助用户快速找到心仪的铃声，并提供试听的能力。

（6）铃音自制功能。系统提供电话或Web两种方式让用户可以上传或者录制自己的声音和其他效果音，将其设定为自己的个性化回铃音。最长可录制30秒的铃声。由业务提供方（代理方）转换成要求的标准格式，保证铃音的音质效果。录制或转换的铃音需要通过运营商审查后，方可正式启用。根据业务的开展情况，对于用户自制的铃音，经录制者同意后也可将其加入到系统铃音库中，提供给别的用户下载，并按照协商情况给予录制者适当的回报。

（7）铃声播放优先级。当用户选择了两种或两种以上的按不同条件的铃音播放方式，系统默认的播放优先顺序为：主叫分组功能＞时间段分组功能＞默认回铃音功能。

（8）业务的暂停和恢复。系统提供用户通过电话或Web方式暂停和恢复使用业务的功能，确定业务暂停是否对用户收取月租费。

背景音又称"彩话"业务，是由主叫定制的一种个性化语音增值服务，使用该项服务时，通话双方在通话过程中会伴有主叫选播的各种美妙的音乐来烘托气氛，主叫可适时更换背景音的内容。该业务需要智能网络平台和软交换网络平台予以承载。

5.6.6 可视电话

电话的发明使我们能够听到地球另一侧的"悄悄话"，所以有人说"电话是人耳的延伸"，也有人把它形象地比作神话传说中的"顺风耳"。但电话毕竟是语音通信的工具，只能进行彼此间的语言交流。

在1964年举行的世界博览会上，美国的贝尔公司展出了世界上第一部可视电话机。它引起了人们极大的兴趣。可视电话机不仅具有普通电话机传送声音的功能，还能传送人的头部影像，使人们在通电话之际彼此"见面"，充分交流喜怒哀乐等面部表情。也就是说，可视电话不仅使你能"耳详"千里，还能"眼看"千里。

可视电话有传送静止图像，也有传送活动图像的，为区别起见，通常把前一种叫"可视电话"，后一种叫"电视电话"。可视电话能在普通电话线上以模拟方式传输，传图像和传声音交替进行。它传送一幅图像所需要的时间是 5 ～ 10 s。电视电话发送、接收图像和传送声音是同时进行的，而且图像的传送速度比可视电话高得多，通常 1 s 可传送 1 ～ 15 帧画面。

无论是可视电话还是电视电话，都少不了以下这些组成部分：

（1）用于通话的电话机和具有语音处理功能的语音编码器。

（2）图像信号输入部分，由摄像机和将所摄图像转换成电信号传给对方的视频接口组成。

（3）图像输出部分，由用来显示对方影像的电视机等组成，也可外接打印机、录像机等，将接收到的内容记录下来，作为资料永久保存。

（4）图像信号的处理部分。

电视电话不仅可以传送人的影像，而且还能传送合同、订单、证件和图表等，因此是实现办公自动化的重要设备之一。电视电话还可用于家庭安全系统。当有人来访时，可以通过电视电话系统看到来访者的影像并与之对话，避免因不知来访者的底细而开门揖盗或引狼入室。

电视电话由于终端机价格较贵和占用频带宽，影响到它向一般家庭的普及。现在数字频带压缩技术已经可以把过去几兆赫带宽的活动图像压缩到只需要 2×64 Kb/s*（标准的电话信道速率）就可以传送。4 kHz 话音经语音编码后变为 16 Kb/s 的数字信号，再经过窄带综合业务数字网以 2B+D 方式（即 2×64 Kb/s+16 Kb/s）传送到对方。

随着 IDSN 的发展及终端机价格的降低，以及能传送很宽频带信号的光纤向家庭延伸，电视电话必将变得越来越普及。

5.6.7 指定电话付费

指定电话付费业务是由电信运营商为客户提供的，能够在全国范围内漫游使用的，由另外一个指定的电话号码账单支付的电话业务。该业务向付费用户提供呼叫范围限制、费用限额、子账户管理、密码及授权管理、费用查询、限制同时呼叫等功能，向使用用户提供连续呼叫、全国漫游、余额提醒等功能。另外，对于国际呼叫转移业务，还具有以下功能：

（1）密码保护功能：进入国际呼叫转移语音服务平台必须凭用户密码。

（2）灵活设置目的地号码：用户可随时更改需转移至的目的地号码，可按顺序登记 3 个目的地号码，并可指定目的地号码的有效时间。

（3）防止恶意转移：通过检查原住地号码是否登记来判断是否接续至目的地号码。

（4）亲情号码：通过检查主叫号码是否登记来判断是否接续至目的地号码。

（5）选择性接听：主叫方必须正确输入呼叫密码才能接续至目的地号码。

（6）拨打国内国际电话：业务用户在境内外可以利用国际呼转专用号码作为记账卡，呼叫国内国际电话。

（7）语音信箱：业务用户可在境内外收听打至原住地号码的语音留言。

（8）个性化留言：业务用户可自行录制语音信箱欢迎词。

（9）金额限制：业务用户可限制每日或每月最高使用金

额。该业务需要智能网络平台和软交换网络平台予以承载。

5.6.8 固网短信业务

固定电话网作为个人之间沟通的语音通道已存在一百多年了。随着互联网的发展和用户获取信息渠道的多样化，以及用户对通信业务需求的日益复杂化和个性化，中国电信固网短信业务应运而生。

1. 固网短信业务的概念

固网短信业务是在固定电话网上，通过将互联网、信息服务、商务服务等功能集于一体，使用户享受语音、娱乐、信息、商务等个性化信息服务的新型增值业务。利用现有的固定电话网向固定电话用户提供的多种信息服务，目前主要包括信息查询和短消息两大类。用户可通过简单的菜单操作实现短消息的收发、信息点播、信息定制、铃声下载等，而话机本身也突破了传统功能，个性化服务更为突出。未来该业务还将提供简单的电子交易（股票交易、电子银行等）、信息浏览等服务，真正成为家庭信息服务百事通。

固网短信与手机短信的共同之处在于它们都是提供短信息类的服务手段，二者的主要区别见表5-3。

表5-3　固网短信与手机短信的主要区别

固网短信	手机短信
固定性强，地域明确	偏重移动性与个性化
每个终端都是信息发布窗口	提供个人信息服务

续表

固网短信	手机短信
开放的多功能信息平台	私密性好
终端价格低，业务资费较低	及时性强
信息量大	交互功能
可信度高，市场空间大	信息内容更加丰富

2. 固网短信业务的特点

固网短信在吸收移动短信优点的基础上，在网络化领域走得更远。通过一部专用的电话机，不仅可以同时向5个用户群轻松发送不多于140个字符的短信息，还能通过短信平台预制短信。除了话费查询和缴费通知可以通过短信息的方式获得之外，开通固网短信的用户还能通过互联网直接登录网站订阅各种信息，收发E-mail。此外，同一个号码拥有3个短信息服务地址，辨识不同接受短信息的信箱，私密性更强。固网信息电话与业务具有以下特点：

（1）具有超大屏幕、菜单式界面。固网信息电话具有的超大屏幕、菜单式界面让用户看得容易，用得简单。

（2）存储空间大，保存信息多。每部固网短信信息电话均有1个公共信箱和3个私人信箱，能够充分满足个人需求，让每个人都有独享空间。丰富的信息内容可包括新闻时事、电视节目预告、天气预报、金融财务等，可按个人需求定制，资讯精彩多样；每个信箱可保存30条以上的短信息；每部电话可保存99条以上的订阅短信息。

（3）个性化设置，满足用户不同需求。具有特色铃声的设置和编辑以及屏幕保护功能。

（4）强大的个人助理功能。包括电话本、万年历、特色铃声等，是用户事业和生活的好秘书。

（5）节省费用。固网短消息网络的建设不必大规模地改变现行网络，只需添加少许设备即可。同时，采用集中式结构的组网方式还会进一步降低网络建设费用，从而使终端用户受益。由于固网短消息的传输大部分是在数据网上运行的，用户可以充分享受TCP/IP传输廉价的优点。因此，异地固定用户通过发送短消息替代电话交流，可以节省较大的通信费用，而固定用户和移动用户之间通过短消息交流也可以降低费用。

（6）操作方便，轻松升级。操作简便在于由中文信息终端服务接口（Chinese Terminal Service Interface，CTSI）中心提供动态菜单，用户无需输入复杂的指令代码，易于上手。它比PC机拨号上网方式简单，无需进行复杂的配置，并且终端提供了全部中文界面；容易升级，其修改信息功能只要CTSI中心将下发的动态菜单库更新，用户再次使用终端时就可以使用新的功能了，无需终端升级。

（7）业务的相互补充。固网短消息系统的主要功能是利用现行网络接入互联网，提供数据业务。固网短消息接入互联网具有终端简易，无需等待连接即可获得ICP提供的信息查询、订阅、电子邮件等服务，实现了简单的互联网服务，使固网短消息成为拨号上网的补充。点对点的固网短消息具有重试发送功能，可以在无法拨通电话时发送短消息给对方，一旦对方话机空闲，短消息将发送到对方话机，是通话业务的补充。

（8）提供丰富多彩的业务功能包括：

① 普通电话功能，主要有基本电话功能（包括免提、重拨）；菜单支持程控功能（呼叫等待、热线服务、呼出限制

201

等）；来电显示功能；来电号码和去电号码保存功能；特色铃声功能；日历、电话本功能；在只有程控交换机馈电时可以保持手柄拨号与通话。

② 短信息功能，主要有短信息自动接收；对已收短信息（包括订阅信息）的转发、回复和删除；子信箱密码设置；短信息的群发功能；短信息的常用语；短信息订阅；短信息点播。

③ 信息电话的特色功能，主要有个人助理，包括地址簿、万年历；简单游戏（俄罗斯方块、在线游戏）；可支持本地铃声的输入和编辑；可接收彩信等。

3．固网短信的业务功能

固网短信业务提供的业务种类非常丰富，能够为广大固定电话用户提供传递短信息、实现电子商务和获取信息咨询等项服务，使用户获得超值的利益。

（1）互发短信息服务。用户使用信息电话机，通过简单操作就可与其他固定电话用户、移动用户互相发送或接收短消息，还可通过互联用户向其他固网用户发送或接收短消息，每条短消息不超过 70 个汉字。当然，使用该项业务时，用户需要购买一个为固定电话短信息特制的信息电话机。

（2）短消息定制服务。信息电话用户可以根据自己的需要，在互联网上或在信息电话显示屏的菜单操作指令下选择所需订阅的信息，如天气预报、新闻速递、电视节目预告和广告等，提交给固网短消息中心。固网短消息中心将在预定的时间或定期将用户所订阅的信息投送到指定的信息电话，信息终端将自动接收定制的信息内容，方便、快捷地享受信息时代带来的生活乐趣与便利。

（3）信息点播服务。固网短消息用户可根据个人需要，在信息电话显示屏的操作指令下选择需点播信息的特征，提交给固网信息中心。固网信息中心即时处理，将用户所点播的信息发送到该信息电话，信息终端将自动接收信息。信息点播业务可提供新闻点播、财经信息、IT科技信息、休闲娱乐、文化教育、交通信息、言语传情等内容。

（4）群发服务。系统管理员或系统操作员可以定期向所有的用户发送如电信最新服务以及催缴话费通知等信息。

（5）其他扩展服务功能。可进行简单交互式服务，如股票交易、多人游戏；投票类服务，如抽奖活动、竞猜热线；社区信息服务，如社区内催缴费通知、幼儿保健通知、社区服务、社区活动通知等。

注意：开通固网短信业务同时需开通来电显示业务；一线通、ADSL和小交换机用户暂不开放该业务；使用该业务时，无法同时启用"呼叫转移"业务。

4．固网短消息发送流程

对于固定用户而言，不存在信令通道，所有信息的交互都只能在话路上进行，话路上不仅仅承载话音信号，还有DTMF（双音多频）信号、FSK（频移键控）信号。比如主叫号码显示业务，在用户话机上看到的主叫号码就是端局的程控交换机使用FSK信号在第一声振铃和第二声振铃之间传送下来的，这也是在主叫号码显示话机上第一声振铃结束之前看不到主叫号码的原因。因为主叫号码内容相对比较少，在振铃声之间传送就足够了。但短消息业务信息量比较大，如果也使用FSK传送，那么就要将话路接通，在接通状态下传送FSK和DTMF，一方面话路接通后接收短消息时可以避免铃声对用户的干扰，另一方面可以大大提高传输速率。信息传输总是分两个方向，一般而言，从网络侧向终端侧下行都采用FSK信号；从终端侧向网络侧上行采用FSK信号或DTMF信号。FSK的传送速率可以达到1200 b/s，加上打包、解包的开销，应在90 b/s左右，而DTMF相对而言传输速率较低，大约在5 b/s左右。

以点对点发送消息为例，假设 A 终端要给 B 终端发送一条短消息，实际上是 A 终端上的程序拨通一个电话到固网短信平台，平台使用FSK和DTMF信号与 A 终端交互，具体交互的细节包括放音（Channel as Sociated Signaling，CAS）、发送FSK信号、接收DTMF或接收FSK信号等，具体的流程在CTSI协议中有详尽的描述。当平台将A终端发送的短消息接收到以后，主动发起一个呼叫给 B 终端，平台发起呼叫时主叫号码为一个特殊的值（比如118）。由于 B 终端申请了主叫号码显示业务，所以在第一声振铃之后，B 终端已经接收到端局传来的主叫号码（118），B 终端再拿此号码和本身终端设定的"信息中心来电号码"比较，如果一样，则说明是信息中心来电，B 终端自动应答，将话路接通并做静音处理。平台使用FSK和DTMF信号与 B 终端交互，将短消息下载到 B 终端上，同时如果 A 用户申请了短消息回执，则平台再将"B 用户已经成功接收"的回执发送到 A 终端上，一次点对点发送的流程就结束了。为了在接收短消息时不干扰用户，终端还要把上述的第一声振铃屏蔽，也就是说将第一声振铃静音，那么就可以做到静悄悄地收下一条短消息。如果 B 终端接收到的主叫号码与终端用户设定的"信息中心来电号码"不一样，则B终端认为这是一个普通用户的正常来电，B终端会开始振铃，转入正常电话的流程。

5．固网短信的实现

1）组网方式

固网短信网络有两种组网方式：集中式和分布式。集中式组网与分布式组网的最大区别在于，前者只在省中心建设汉字终端服务接口服务器，通过NO.7信令网和各地的频移键控接入服务器连接，减少了服务器设备的投资，降低了设备运营和维护费用，有利于业务升级。当ICP提供的业务内容发生变更时，只要对省中心的服务器业务进行升级，就可升级全省的业务，提高固网短信系统的业务扩展能力。

2）固网短信的发送

以华为公司的方案为例，华为 Voicele 系统融合了文本转语音（TTS）和自动语音识别（ASR）、VXML 等技术，采用智能网方式来开放业务，可为用户提供个人信息服务（如电子邮件、日程表、通讯录、记事本）、新闻查询（包括国内、国际、体育、娱乐、军事新闻）、股票查询、有奖竞猜（如答题、预测）、航班查询、酒店查询、天气预报、招聘信息等服务。利用该系统，用户可以方便地通过任何一部固定电话机或手机连接互联网，用语音控制浏览内容，系统用语音方式将信息反馈给用户。

固网短信终端发送短消息的方式主要有以下几种：

（1）固网短信终端向普通电话终端发送短消息。固网短信终端编辑好短消息后，向一个普通电话终端发送，短消息中心收到这一请求后先将短消息保存起来，然后 Voicele 系统使用语音方式向这个普通电话终端发送呼出。当用户摘机后，Voicele 通过 TTS 技术向用户播放短消息的内容，普通电话用户可以有类似于固网短信终端的"重听"、"听上一条消息"、"删除消息"等功能选择。

（2）通电话终端向固网短信终端发送短消息。普通电话终端可通过指定的接入码呼叫到短消息中心，在 Voicele 的语音引导下，用户可将准备发送的短信息内容进行录音，并通过语音或按键输入对方的电话号码。短消息中心将用户的语音内容保存在语音信箱中，然后根据输入的电话号码向对方的固网短信终端发送一条短消息以通知对方，对方用户可通过语音进行收听。

（3）普通电话终端使用 ICP 提供的固网短信业务。使用 VXML 语言编写流程脚本或网页，这个脚本或网页的内容与固网短信终端上的菜单相对应，只不过普通用户可以通过语音的方式浏览菜单。当用户选择了信息点播后，Voicele 系统模拟普通的固网短信终端向 ICP 发送请求，并接收 ICP 发过来的文字信息，然后通过 TTS 技术向用户播放文字信息的内容。当然，固网短信终端也可以通过普通的菜单浏览方式使用这些用 VXML 语言编写的业务，而用 VXML 语言编写网页的工作也可以由 ICP 自己完成。

3）设置短信中心接入号码

在使用短信终端电话的各项业务之前，用户必须先在话机上设置短信平台中心号码，在设置号码后才能使用各种短信服务。

4）客户发送短信息

要注意以下几点：

（1）每条短信不能超过140字节（即70个汉字）。

（2）客户可以群发短信息，最多可以发往5个被叫短信终端号码，号码间以"#"隔开。

（3）终端提供1个公共信箱和3个私人信箱，发给私人信箱的短信，通过在电话号码后加"$*x$（$x = 1$，2，3）"实现。

（4）短信息存续期24小时，在24小时内短信中心将不断地重发用户的短信息，直到成功为止。

第6章
长途电话业务

6.1 国内长途电话业务

　　国内长途电话业务是指在国内本地网与本地网之间，通过长途电话通信网相互通话的业务。国内长途电话业务按接续方式的不同可分为人工长途电话业务和自动（直拨）长途电话业务，因人工长途电话业务日渐萎缩，目前已少有人使用，故本章不再介绍人工长途电话业务，而是重点介绍自动长途电话业务。

　　国内长途直拨电话业务（DDD）是用户利用具有长途直拨功能的本地电话、小交换机分机和移动电话直接拨叫受话地的长途区号和被叫用户电话号码，进行国内长途通话的电话业务。

1. 国内长途直拨电话的使用方法

　　使用国内直拨电话业务的用户，须事先到当地电信营业部门提出加装国内直拨功能的申请，经核准开通直拨功能后才能使用，并可设置密码限制使用范围。目前，全国各地安装的电话一般都开放了长途直拨功能，如需直拨国内长途时，连续拨叫对方长途区号和电话号码即可。有些城市在开通电话的同时即开放了长途直拨功能，具体情况应视当地电信公司而定。

（1）国内直拨电话号码的组成。国内直拨电话号码是由长途区号和被叫电话号码组成，其中长途区号又由国内长途字冠和城市区号（代码）构成，即"国内长途字冠＋城市区号＋被叫电话号码"。

（2）国内直拨电话的拨打方式。用户需要使用该业务时，只需在具有长途的话机上，连续拨打对方所在地的长途区号和用户电话号码即可。拨完全部号码后稍等片刻，即可听到回铃音或忙音。听到回铃音表明电话已接通，待对方拿起话筒即可通话；听到忙音则表示对方电话正在使用，需稍后再拨。例如，要拨打广州市的电话号码为"33060451"的用户时，其拨号顺序为"0+20+33060451"。其中，"0"是国内长途字冠，"20"是广州的长途直拨区号（我国长途区号采用不等位制，一般由2～4位数码组成）。

（3）国内直拨电话查号方法。当用户需要拨打长途电话，然而只知道对方所在地和单位名称，却不知道对方的电话号码或所在地长途区号时，可以首先通过当地的114查到对方所在地区号，然后再拨打"0+***（***为对方所在地的城市区号）+114"，通过对方所在地的电话查号台查询对方单位的电话号码。

2．国内长途直拨电话的计时计费

（1）国内直拨电话的通话时长是从被叫用户摘机开始至发话用户挂机为止。

（2）被叫电话是总机或分机，通话时长是从总机应答开始计算至发话用户挂机为止。

（3）被叫用户电话接在传真机或者录音电话上，通话时长是从线路接通开始至发话用户挂机为止。

（4）国内长途直拨电话通话费以6秒钟为一计费单元，通话不满6秒钟的按6秒钟计算。中国电信、中国网通通话费标准为每6秒钟0.07元，中国联通、中国铁通为0.06元。

（5）国内长途在每日的00：00～07：00不分工作日和节假日实行6折优惠，具体费率为0.04元/6秒。跨越优惠时段的通话时长，按前时段费率计费。新疆、西藏的长途电话优惠执行时间向后顺延2小时。

（6）具体资费标准应以当地电信部门实时规定为准，以上标准仅作为参考。

6.2 国际及港澳台地区长途电话业务

6.2.1 国际及港澳台地区直拨电话业务

国际及港澳台地区直拨电话（IDD）是用户利用具有国际及港澳台地区直拨功能的电话机，直接拨叫世界各地开放 IDD 业务的国家或地区的用户，通过国际电话电路进行国际及港澳台地区间通话的一种电话业务。

1．国际及港澳台地区直拨电话的使用方法

（1）国际及港澳台地区直拨电话号码的组成。使用国际、港澳台地区直拨电话业务的用户，须事先到当地电信营业部门提出加装国际直拨功能的申请，经核准开通直拨功能后才能使用。国际及港澳台地区直拨电话号码组成为：国际长途字冠+国家（地区）代码+城市代码+被叫用户电话号码。

（2）国际及港澳台地区直拨电话的拨打方式。用户拨打电话时，首先取下话机，听到拨号音后拨号国际字冠"00"，以进入国际自动交换网；然后拨打国家（或地区）代码，进入所要的国家（或地区），国家（或地区）代码是由国际电联ITU统一指配的，由1～3位数码组成（我国大陆的代码为86，香港地区的代码为852，澳门地区的代码为853，台湾地区的代码为886）；再拨城市代码，进入所需的城市，城市代码由1～4位数码组成；最后拨打被叫用户电话号码。拨完后稍等片刻，即可听到回铃音或忙音。听到回铃音表明电话已接通，对方拿起话筒即可通话；如听到忙音表明对方话机正在使用，需稍后再拨。例如，要直拨日本东京的电话号码为"2476319"的用户，应拨"00+81+3+2476319"。其中，"00"为国际字冠，"81"为日本国家代码，"3"为东京城市代码，"2476319"为被叫用户号码。

（3）用户拨打电话的注意事项：

① 在拨电话号码之前，必须确认要拨的电话号码是否准确，因为拨通号码同样要支付通话费用；

② 拨打国际电话时必须将所拨号码一次连续拨完，中途不要停顿；

③ 如果主叫是用户交换机的分机，须先拨本交换机外线号码，然后再按上述规定拨打；

④ 直拨电话通达国家（或地区）目录表中带有"△"标记的，表示该国家（或地区）只有国家（或地区）代码而无城市代码，拨打时直接拨"国际长途字冠＋国家代码＋被叫电话号码"即可。

6.2.2 国际直拨受话人付费业务

国际直拨受话人付费电话业务，是通过特殊的拨号程序直接拨叫受话国话务员，由受话国话务员负责接通受话人进行通话，通话费用由受话人支付的电话业务。由于我国此项业务的接入号为108，故又称为108业务。使用108业务，发话人可用专用话机也可用普通话机。

1. 108业务简介

108业务是近年来我国电信部门开办的一项国际电话业务，它具有以下基本特点：

（1）国际直拨电话可以不经过国内国际台话务员接转。

（2）不用申请国际直拨功能，只需是程控电话机就可以拨打国际长途电话。

（3）由受话人付费，不需要发话人支付通话费。

（4）有些国家与我国开放了中文台业务，话务员讲普通话，为我国用户提供了方便，解决了语言障碍。

目前，我国108业务通达的国家和地区在各城市有所差别。例如，广州市108业务通达范围包括美国、加拿大、意大利、日本、新加坡、韩国、泰国等29个国家和地区。

2．108业务的使用方法

使用108业务的方法如下：

（1）拨打108和相关国家或地区受话台号码，等待受话国话务员应答。

（2）发话人告知国际话务员受话电话号码以及受话人姓名、与其关系或者信用卡资料；

（3）受话国话务员核对信用卡资料的有效性或征求受话人同意付费后，即可接通电话。

例如，用户拨叫香港电话，应拨108852（852为香港地区代码）；拨叫美国AT&T公司中文台话务员接续受话人付费电话，则应拨10810（108是接入号码，1是美国代码，0是AT&T公司中文台代号），拨通电话后话务员立即应答，发话人将受话人的姓名和电话号码等告之话务员，再由话务员征得对方同意付费后接通电话就可进行通话。

6.3 交互式会议电话业务

6.3.1 会议电话业务概述

1．会议电话业务的概念

会议电话业务就是不同地点的用户利用电话电路召开会议的

电话业务。这种业务将若干电话电路通过会议电话汇接设备连接到一起，可接装扩音设备，参加会议的用户可听到其他任一地点的用户发言，具有实效性强、参加会议人数多、节约时间、节约费用及免除参与人员长途奔波之苦等优点，最适于传达紧急通知、布置紧急任务、总结工作等会议内容。

会议电话业务的通达地点和服务范围随会议电话汇接设备的不断改进而增加和扩大。在我国，从中央到省、市、县直至农村已能召开全国性的大型电话会议，各部门、单位也可根据需要召开地区性的中、小型电话会议。

会议电话业务根据不同的通话范围和服务对象，分为长途会议电话和农村会议电话。长途会议电话是全国不同地点的用户利用长途电话电路召开的电话会议。长途会议电话可通过农村电话电路延伸接入农村地区的用户参加。农村会议电话是县内城乡不同地点的用户利用农村电话电路召开的电话会议。

2．会议电话业务的使用方法

会议电话可在两个或多个地点的用户之间进行，参加会议的用户可在电信企业设置的会议电话专用会议室或用户自备的电话会议室进行通话或收听。

会议电话一般应根据会议规模的大小、参加会议用户地点的多少，按规定提前24小时办理挂号手续，预定会议电话的起止时间及会议内容，由电信企业分别通知各地用户按时参加。电信企业应按预定的时间接通电话，并在记录单上填写通话起止时间和通话分钟数。如果因用户迟到而不能准时开会，仍按预定时间的开始时刻起计算费用。会议电话挂号后若需增减参加会议用户的地点或变更通话时间等，应按规定提前向电信部门提出，以便通知各地用户。

3. 会议电话业务的资费（仅供参考）

会议电话业务的费用分为会议通话费、预告费和销号手续费。

（1）会议通话费。会议通话费根据通话时间的长短计算，以分钟为计费单元。会议电话的基本收费时间为 30 分钟，通话不满 30 分钟的，按 30 分钟计算；超过 30 分钟的，按实际通话时间计算；尾数不满 1 分钟的，按 1 分钟计算。长途通话费的优惠，由各电信运营企业根据市场情况自主确定。

（2）预告费。预告费分别按不同受话地点和预告内容字数计费，每 10 个字按长途电话基本价目 1 分钟计算收费。如果会议电话只有预定时间没有预告内容的，不收预告费。会议电话更改通话时间和预告内容，将按照更改字数加收预告费。

（3）销号手续费。因用户原因，部分或全部地点的用户未能完成通话的，应分受话地点按每张 0.10 元的标准收取销号手续费。如预告内容已通报，收预告费，不收销号手续费。

6.3.2 交互式会议电话业务

交互式会议电话又称会易通业务，是一种供会议参加者于约定时间在不同地点实现多方同时通话的电信业务。利用这一业务，不同地点的与会者可以在同一时间通过固定电话、移动电话等通信终端，采用事先约定好的拨号方式拨打一个预定的会议号码及密码，便可参加会议，与会者可以自由交谈、自由发言，犹如不见面的座谈会。它适用于管理总结会、紧急讨论会、项目研讨会、培训咨询会、定期例行会、信息汇总会、聊天室、股票分析、医学交流、节日拜会等各式各样的会议。

交互式会议电话彻底改变了原有的使用会场的开会形式，还节省了参加会议人员的大量时间、精力及差旅费用。会议主办者也可免去传统的会场布置、接待等大量繁琐的工作。同事、朋友之间利用会易通的呼入、呼出方式，无论自己身在何处，都能参加到会议或聚会中来，交流感情，表达意见、观点，形式新颖，效果良好。

交互式会议电话业务的适用对象包括：

（1）固定客户会议，适用使用频率较高，或需定期召开电话会议的客户使用。

（2）临时客户会议，可提供固定的电话会议号码，长期适用于临时申请的客户。需要召集会议时，需先办理申请登记手续，并获取电话会议号码。

交互式会议电话的主要特点如下：

（1）使用简单方便，应用范围广。交互式会议电话面向公众服务，任何电话用户均可以使用本业务。用户登记后，即可通过电话（可以是本地固定电话、移动电话，也可以是外地长途电话）自行召开会议，参加会议的人数可以是几人，也可多达数十人以至上百人。

（2）交互式的会议。参加会议者可同时发言，自由交谈，也可经会议主持人通过微机或电话操作控制参加会议者的发言。

（3）安全保密。每个会议均可有各自的会议号码和不同权限的密码，并可随时修改密码，防止无关人员参加。

（4）提供多种功能。如录音功能，可根据用户的要求提供会议内容的录音；报数功能，使与会者随时掌握会议出席人员的情况；会议汇接功能，可将外地正在举行的一组或多组电话会议纳入本地的会议组中，从而实现多组电话会议的汇接等。

交互式会议电话的主要功能有：交互式会议功能，分组讨论功能，800被叫付费会议呼叫功能，会议可选功能，录音、放音及转录功能，用户密码接入、语音提示引导功能，PC终端控制功能，密码修改和保护功能。

1. 交互式会议电话业务的操作方法

（1）业务登记。需要使用此项业务的用户（会议召集者）必须到当地电信营业部门登记，电话会议一般在预定时间 24 小时前办理挂号，全国大型电话会议应在 48 小时以前办理挂号，在用户会议室进行通话的一般应在 72 小时以前办理挂号。然后，可以得到一个电话会议号码和会议召集者密码。

（2）预定电话和设置与会者的密码。会议召集者需召开电话会议时，要提前 24 小时向系统预定（召集者拨打一个特定的电话号码，并按系统提示输入会议日期、时间、人数等相关信息）。召集者可以随时通过电话设置与会者密码，如果所召开的会议没有保密要求，也可以在预约时选择免输入与会者密码方式。

（3）召开会议的方式。交互式会议电话业务一般提供以下四种召开会议的方式，用户可根据实际需要进行选择：

① 与会者自行拨入方式（呼入方式）。每个会议参加者无论身在何处，只要拨打一个特定的电话码（如移动会议电话接入码为13800*** 600，其中***表示不同省份或地区），然后输入会议

号码和密码即可加入会议；

② 召集者拨出方式（呼出方式）。由会议召集人逐个拨通与会者号码，再经会议召集人证实与会者身份后加入会议；

③ 混合方式。即用户可选择一部分与会者自行拨入，一部分与会者则由会议召集者逐个拨出召集；

④ 群呼方式。在预定的时间由系统自动呼叫主持人和所有成员参加会议。

特别需要注意的是，会议过程中不能临时增加通话方数和通话时长。

2. 交互式会议电话业务资费标准（仅供参考）

交互式会议电话业务资费主要包括：会议接入费、会议通话费和特殊功能费（如现场录音、转到转存等）三部分。

（1）会议接入费。会议接入费向业务登记用户收取，基本收费时间为 30 分钟，不满 30 分钟按 30 分钟计算，超过基本收费时间的部分按每分钟计算收费。会议接入费按申请参加会议的用户方数以及实际会议时间长短，分为 6 个等级。凡是在法定节假日以及工作日 21 时至次日 7 时使用业务的用户，用户方数在 10 方及以下的，免收会议接入费；用户方数在 10 方以上的，无论使用时间长短，只收取基本会议接入费，超过基本收费时间的部分免收费用。

（2）会议通话费。交互式会议电话通话费的计费方式、资费标准同普通电话，按现行本地、长途电话的资费标准执行，长途优惠时段及优惠幅度也同普通电话。呼入方式的会议电话通话费向主叫方用户收取，呼出方式的会议电话通话费向业务登记方用户收取。

（3）特殊功能服务费。特殊功能服务费可由各电信运营企业根据实际需要和业务发展情况酌情收取。

以上费用中，会议通话费由主叫方支付，会议接入费和特殊功能服务费由会议申请方支付。具体的资费标准以各地电信运营企业公布的为准。

6.4 会议一呼通业务

6.4.1 会议一呼通业务概述

1. 会议一呼通业务概念

会议一呼通业务集中了交互式电话会议与 800 业务的特性，是一种基于电话的虚拟会议，不受时间和地域的限制。无论用户是在公司、在家，还是出差在外都可随时使用，只要拿起电话拨通会议一呼通的 800 号码呼入会议系统，即可自由组织会议，进行多方交谈，而所耗通信费用由业务申请人集中支付。

会议一呼通是目前企业最理想、便捷、高效、经济的会议形式之一，应用范围主要在于行政会议、授课培训、紧急会议、商务谈判、公司例会、客户联系、业务发布、电话竞猜、嘉宾咨询、俱乐部活动等方面。

2．会议一呼通业务的特点

（1）节省时间和金钱，免除旅途劳顿和出行的不便。电话会议所需费用全部由申请人付费，其余与会者无需支付任何费用，并且通话费用打折，有效地降低了整个电话会议的费用。

（2）双重密码，安全性更有保障。会议一呼通业务采用双重密码检验，可以更安全地保护用户的商务秘密及个人隐私。

（3）不用事先预约，可以随时召开，使用更方便。

（4）大大降低了误操作，并缩短了呼叫其他参加会议人员的时间。

（5）电话会议系统提供中、英文语音提示引导等功能，操作简单。

（6）永久号码，便于记忆，可以长期使用。

（7）通达范围广，可召开国际、国内电话会议。

6.4.2 会议一呼通业务的使用方法及资费

1．业务操作方法

（1）会议召开期间，如因误操作发生断线，与会者随时拨入，而主持人必须在10分钟内拨800820****接入号重新入会。

（2）由主持人进入会场后操作（不计费）。密码均可设成5～7位不规则数字。

会议呼通业务的功能操作码如表6-1所列。

表6-1　会议一呼通业务功能操作码详表

编号	功　　能	操作码	确认与否
1	自动群呼与会者	*1#	确定按1，取消按0
2	拆出某序号与会者	*2#序号#	确定按1，取消按0
3	拆出某电话号码与会者	*5#号码#	确定按1，取消按0
4	修改某序号级别（听众／发言人）	*3#序号#	确定按1，取消按0
5	修改某电话号码级别（听众／发言人）	*6#号码#	确定按1，取消按0
6	会议进程中增拨呼出与会者	*4#号码#	确定按1，取消按0
7	呼叫系统管理员	*7#	确定按1，取消按0
8	会议加锁/解锁	*81#	确定按1，取消按0
9	收听/关闭报数及与会者电话号码	*92#	确定按1，取消按0
10	收听功能提示帮助	*999#	确定按1，取消按0
11	会议录音	*940#	确定按1，取消按0
12	结束录音	*941#	确定按1，取消按0
13	结束会议	*93#	确定按1，取消按0
14	听众申请发言	518	
15	将所有与会者变为听众	*31#	确定按1，取消按0
16	将所用与会者变为发言者	*32#	确定按1，取消按0
17	开放/关闭会场背景音乐	*0#	
18	任何错误输入	*0返回	

2．会议一呼通业务的资费

　　会议一呼通业务收费项目包括月租费、会议接入费、会议通信费和特殊功能费（暂免）。其中，会议接入费指占用会议资源所需支付的费用，基本收费时间为30分钟，超过部分按分钟计算收费。

　　会议通信费包括呼出通话费和用户拨800号码接入会议产生的通话费。

6.5 IP电话业务

　　IP电话是指在IP网上通过TCP/IP协议实时传送语音信息的通信业务。语音信号在传送之前先进行数字量化处理，解压缩、打包转换成 8 Kb/s 或更小带宽的数据流，然后再送到网络上进行传送。IP电话始于在互联网上 PC 到 PC 的电话，随后发展到通过网关把互联网与传统电话网联系起来，实现从普通电话机到普通电话机的 IP 电话。IP电话与传统电话业务是不同的，二者的差别如表 6-2 所示。

表6-2　IP电话与传统电话的比较

性能	IP电话	传统电话
传输媒体	互联网（Internet）	公用电话交换网（PSTN）
交换方式	采用以IP包（分组）为单位的包交换	采用电路交换
带宽利用率	采用异步时分复用传输，信道利用率较高，但由打包所带来的各种协议开销使实际的信道利用率平均在60%左右，传输过程中存在丢失包的现象	采用同步时分复用传输，信道利用率较低，平均在40%左右，但在传输过程中不存在信息丢失的现象
编码	通常采用语音压缩编码，压缩后的每一话路的数码率为32 Kb/s、16 Kb/s等	每一通话电路得数码率为64 Kb/s
时延	端到端的IP包传送，时延一般较长且经常变化	端到端的传送时延经卫星电路时例外，一般在数十毫秒范围内，且在一次通话过程中固定不变
使用费	低，按期付费或按接入速率计费	高，按通话次数、时间、距离计费
语音质量	如不采取特殊措施，在现有的互联网上通话质量无保证，在互联网上加以控制	通话质量一般有保证

6.5.1 IP电话业务的形式

1．按业务的认证方式分类

（1）记账卡方式

记账卡方式IP电话业务允许用户在任何一部DTMF电话机或PC机上进行电话呼叫，并把费用记在规定的账号上。使用记账卡方式的用户必须有一个唯一的个人卡号。用户使用本项业务时，按规定输入接入码、卡号和密码。当网络对输入的卡号和密码进行确认且向用户发出确认指示后，持卡用户可像正常通话一样拨打被叫用户号码进行呼叫。按照持卡用户的付费方式和使用方式的不同，记账卡方式IP电话业务可分为三类：

①A类卡（后付费）。电话用户或PC用户申请本业务时，需经电信部门信誉审核，符合要求后可凭IP电话缴费单按月交纳话费；

②B类卡（预付费）。用户申请本业务时，须预付一定电话费，使用时按次和通话时长扣除通话费用。当通话时预付金额用完，系统立即停止提供业务，此时用户需再交预付金额方可继续使用本业务。如3个月后用户仍末再交预付金，则自动取消该用户账号。如用户要求取消账号，可以将账内的余额退还；

③C类卡（一次付费）。用户通过购买有价的记账卡，在规定期限内使用业务，使用时按次和通话时长扣除通话费用，累计到有价卡面值时，系统立即停止提供业务。

（2）主叫号码方式

主叫号码方式IP电话业务允许用户在任何一部电话机上进行电话呼叫，并根据主叫号码进行计费。使用主叫号码方式IP电话业务的用户必须提前到业务受理部门申请。用户使用该业务时可按规定输入接入码，当网络对主叫号码进行确认且向用户发出确认指示后，可像正常通话一样拨打被叫用户号码进行呼叫。

2．按用户使用的终端类型分类

（1）PC 到 PC 方式

PC到PC方式是IP电话最原始和最简单的一种实现方式，是个人计算机与个人计算机之间的通话。用户只需要在普通计算机上安装电话软件、声卡及麦克风，并拥有一个上网账号，就可以使用计算机直接或通过目录服务器进行语音通信。通信时，主叫方可直接键入被叫的IP地址，或先登录到目录服务器上，在服务器提供的通信对象中选取欲呼叫的对象进行通信连接。

（2）PC 到电话方式

计算机一方，一般需要能上国际互联网的普通计算机及一台调制解调器，计算机上同样应该装有声卡和送话器及扬声器，并且要安装 IP 电话的软件。电话机用户方，应当具备拨号上本地网 IP 电话的网关的功能。

计算机方呼叫远端电话：先通过互联网登录到网关，输入账号、密码，进行账号确认并提交被叫号码，然后由网关通过PSTN网络向电话用户发起呼叫，建立网关到电话用户的电路连接。

电话呼叫远端计算机：计算机应当向互联网提供一个固定的地址，并且在电话所在网关上进行登记，电话向网关呼叫，由网关翻译成计算机的IP地址，连接到远端的计算机。

（3）电话至电话方式

普通电话用户通过本地电话拨号上本地的互联网电话的网

关，输入账号、密码，确认后键入被叫号码，这样本地与远端的网络电话通过网关通过网络进行连接，远端的互联网关通过当地的电话网呼叫被叫用户，从而完成普通电话用户之间的电话通信。

作为网络电话的网关，一定要专线与网络相连，即是网上的一台主机。这种通过互联网从普通电话到普通电话的通话方式就是通常所说的 IP 电话，也是目前发展得最快而且最有商用化前途的。

6.5.2 IP电话系统的组成及计费方式

IP电话的系统一般应由电话、网关、网络管理者或关守和相应的支持系统组成，如图6-1所示。电话是指可以通过电话网或一线通（ISDN）网连到本地网关的电话终端。网关是通过IP网络提供电话到电话方式，完成话音通信的关键设备，即互联网与电话网、一线通网之间的接口设备，它应当完成语音压缩，将64 Kb/s的语音信号压缩成低码率的语音信号；完成寻址与呼叫控制；具有IP网络接口与电话（PSTN）的互联接口。关守负责用户注册与管理，具有如下功能：将被叫号码的前几位数字对应网关的IP地址，进行地址翻译以选择对应的网关；对接入用户的身份进行认证，防止非法用户接入；作呼叫记录并有详细数据，从而保证收费正确；完成区域管理，多个网关也可由一个关守进行管理。支持系统主要包括认证中心、计费中心、网络管理中心和业务管理中心，负责存储用户数据，完成身份认证、计费信息的采集和处理、网络设备的监控与故障处理，以及业务管理。

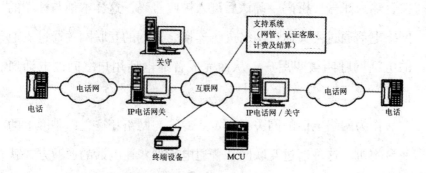

图 6-1　IP 电话系统的组成

IP电话的计费方式有如下两种：

（1）主叫计费方式。网络管理者根据市话交换机提供的用户主叫号码进行判断，如用户数据库中有此号码，则转向与此电话的网关相连，从而根据用户与对方连接的时间进行计费，这与传统的计费方式相似。另外，主叫电话的用户必须事先在 IP 电话网络经营商处办理登记手续。

（2）电话卡计费方式。用户向IP电话经营商购买定值记账卡，网络管理者根据输入的账号和密码进行验证，验证通过后将用户方通过网关与对方相连接，计费数据库进行实时计费，并且根据用户账号中剩余费用与使用的服务提供最大允许时间限度。这样系统的计费要设立用户数据库、计费数据库、用户账号存储及密码存储。

当然，电话卡计费方式也可以采用可续费卡方式，即用完后可再补充金额继续使用，也可采用一次性使用卡方式，即卡内费用使用完后，此卡作废。